建筑工人（安装）技能培训教程

通 风 工

本书编委会 编

中国建筑工业出版社

图书在版编目（CIP）数据

通风工/《通风工》编委会编. —北京：中国建筑工业出版社，2017.10
建筑工人（安装）技能培训教程
ISBN 978-7-112-21067-1

Ⅰ. ①通… Ⅱ. ①通… Ⅲ. ①通风工程-技术培训-教材 Ⅳ. ①TU834

中国版本图书馆 CIP 数据核字（2017）第 189029 号

  本书包括：现场尺寸测量与加工草图绘制，金属风管与配件制作，聚氨酯铝箔与酚醛铝箔复合风管及配件制作，玻璃纤维复合风管与配件制作，玻镁复合风管与配件制作，硬聚氯乙烯风管与配件制作，风管部件制作，风管支、吊架制作与安装，风管与部件安装，风机与空气处理设备安装，防腐及绝热，系统检测试验、试运行与调试，施工质量检验与验收等内容。

  本书可供通风工现场查阅或上岗培训使用，也可作为现场编制施工组织设计和施工技术交底的蓝本，为工程设计及生产技术管理人员提供帮助，也可以作为大专院校相关专业师生的参考读物。

  责任编辑：张 磊
  责任校对：王宇枢 赵 颖

建筑工人（安装）技能培训教程
通 风 工
本书编委会 编

*

中国建筑工业出版社出版、发行（北京海淀三里河路 9 号）
各地新华书店、建筑书店经销
霸州市顺浩图文科技发展有限公司制版
北京建筑工业印刷厂印刷

*

开本：850×1168 毫米 1/32 印张：7⅛ 字数：191 千字
2017 年 11 月第一版 2017 年 11 月第一次印刷
定价：**18.00** 元
ISBN 978-7-112-21067-1
（30686）

本书编委会

主编：冷玑蠡　周大伟　王景文

编委：姜学成　齐兆武　王　彬　王继红　王立春

　　　王景怀　周丽丽　祝海龙　张会宾　祝教纯

前　言

随着社会的发展、科技的进步、人员构成的变化、产业结构的调整以及社会分工的细化，工程建设新技术、新工艺、新材料、新设备，不断应用于实际工程中，我国先后对建筑材料、建筑结构设计、建筑施工技术、建筑施工质量验收等标准进行了全面的修订，并陆续颁布实施。

在改革开放的新阶段，国家倡导"城镇化"的进程方兴未艾，大批的新生力量不断加入工程建设领域。目前，我国建筑业从业人员多达4100万，其中有素质、有技能的操作人员比例很低，为了全面提高技术工人的职业能力，完善自身知识结构，熟练掌握新技能，适应新形势、解决新问题，2016年10月1日实施的行业标准《建筑工程安装职业技能标准》JGJ/T 306—2016对通风工的职业技能提出了新的目标、新的要求。

熟悉和掌握通风工的基本操作技能，成为从业人员上岗培训或自主学习的迫切需求。活跃在施工现场一线的技术工人，有干劲、有热情、缺知识、缺技能，其专业素质、岗位技能水平的高低，直接影响工程项目的质量、工期、成本、安全等各个环节，为了使通风工能在短时间内学到并掌握所需的岗位技能，我们组织编写了本书。

限于学识和实践经验，加之时间仓促，书中如有疏漏、不妥之处，恳请读者批评指正。

目　　录

1 现场尺寸测量与加工草图绘制

1.1 现场尺寸测量

1.1.1 现场实测

在通风系统的安装现场进行尺寸实测，并将实测的结果绘成草图，作为系统加工风管的依据。

（1）测量出安装通风系统的部位和柱子之间、隔墙与隔墙之间、预留孔洞之间、隔墙与外墙之间的距离，以及楼层高度、地面到屋顶的高度等。

（2）测量出与通风系统有关的外墙厚度、隔墙厚度、预留孔洞尺寸、门窗宽度和高度、柱子的断面尺寸、梁的底面与平顶的距离、平台高度等。

（3）测量出通风管连接的生产设备、通风设备、通风部件连接口的尺寸、位置、高度及其与风管的相对位置。

（4）测量出通风设备的基础或支架尺寸、高度以及离墙的距离等。

测量的具体内容根据实际情况确定，并且要注意各种管道、电气线路的交叉跨越和间距等。

1.1.2 风管尺寸测量

1. 风管壁厚测量

用卡尺距风管两端管口约 20mm 处或任意抽取被测类型的板材进行测试，测量 4 次取测量数值的算术平均值，判定其符合性。

2. 矩形风管边长或圆形风管直径的测量

风管两端口长（短）边长各测量 2 次，取其测量数值的算术平均值分别为该风管的长（短）边边长。

圆形风管测量两端口周长或两端口任意正交的两直径，取测量数值的算术平均值为该风管的直径。

3. 矩形风管表面及法兰不平度的测量

在风管外表面的对角线处放置 2m 长板尺，用塞尺测量管外表面与尺之间间隙的最大值，作为该风管表面不平度。

在风管法兰外立表面顶端处放置 2m 长板尺，用塞尺在法兰两端测量法兰外立面与尺之间间隙的最大值，作为该风管表面不平度。

4. 风管管口及法兰不平度的测量

将矩形长边尺寸或圆形直径小于或等于 1000mm 的风管端口（法兰）放在刚性平板平面上，用塞尺测量端口（法兰）平面与刚性平板平面之间间隙的最大值；矩形长边尺寸或圆形直径小于 1000mm 时，用多功能检测尺和金属刻度尺测量端口平面间隙的最大值。

5. 矩形风管端口对角线之差和圆形风管端口直径之差的测量

用钢卷尺分别测量矩形风管端口对角线，其两对角线尺寸之差为该风管端口对角线之差。

用钢卷尺分别测量圆形风管端口任意正交的直径之差，取其最大值为该风管端口直径之差。

1.2 绘制风管加工草图

加工草图是通风管道加工的基础，它以设计图纸为依据，以现场实测为根本，进一步确定通风管道各个部分的尺寸和数量，计算出通风管道材料品种数量，加工工时和工程进度，加工草图应内容详细，尺寸准确，数字清楚。

1.2.1 前期准备

（1）风管加工前首先必须认真核对图纸，了解风管标高、走向，风口布置位置、标高、土建层高、梁高，风管穿过房间的其

2

他管线情况，尤其要注意有无交叉现象，复核图纸确定无误后方可进行下一步加工操作。

（2）土建施工时，风管安装人员要根据图纸，现场跟踪施工，保证所有土建预留洞口无遗漏，设计不清楚、不合理的地方要及时纠正。

（3）土建施工后，风管制作前应先认真复核建筑现场，并与图纸核对，要确保风管加工完敷设完毕后，能够满足建筑所要求的高度要求。

1.2.2 绘制风管加工草图的步骤

（1）根据图纸确定风管标高尺寸，可根据实际复核情况进行更正、完善。

（2）标明风管与墙、柱子等的间距，风管道要尽可能地靠近墙或柱子，有利于节省空间和支吊架的安装。确定风管与墙和柱子的间距，预留安装法兰、螺栓的操作空间。

（3）按照《全国通用通风管道配件图表》和现行国家标准《通风与空调工程施工质量验收规范》GB 50243—2016 要求以及具体安装位置确定弯管曲率半径、三通高度及夹角。

（4）按照支管之间距离和三通高度、夹角或弯管的曲率半径，确定直风管的长度。

（5）按照设计图纸确定空气分布器、排气罩等部件的标高，计算出支管长度。

（6）按照现行国家标准《通风与空调工程施工质量验收规范》GB 50243—2016 和设计要求及现场其他情况确定风管支架形式、间距和安装位置及安装方法。

（7）根据图纸和实际情况确定风管道是否有高度变化，水平敷设方向是否有变化，尤其要综合其他管道的敷设情况，各专业如：消防、水暖、电器、装修等要由监理、建设单位安排统一排管，确定管道上下水平布置位置，风管道与其他水管道等交叉处，因为风管道相对较大，应尽可能按水管道让风管道的原则施工。上述问题确定之后方可统计出风管上的三通、四通、弯头等管件数量。

2　金属风管与配件制作

　　成品风管由工厂加工完成，应进行型式检验，进场时应核查其强度和严密性检验报告；对于非采购的现场加工（含施工现场制作、委托加工及其他场地加工）制作风管，因受加工工艺及加工场地、加工方法、加工设备、操作人员的不同，其质量情况会有所不同，为检验其加工工艺是否满足施工要求，在风管批量加工前，应对现场加工制作的风管进行强度和严密性试验，试验结果应符合现行国家标准《通风与空调工程施工质量验收规范》GB 50243—2016 的要求。

2.1　风管制作

2.1.1　施工条件

　　（1）风管的制作工艺已确定，技术要求与质量控制措施等已落实。风管与配件的制作尺寸、接口形式及法兰连接方式已明确，加工方案已批准，采用的技术标准和质量控制措施文件齐全。

　　（2）风管的加工场地应具备下列作业条件：

　　1）具有独立的加工场地，场地应平整、清洁；加工平台应平整。

　　2）有安放加工机具和材料的堆放场地；设备和电源应有可靠的安全防护装置。

　　3）场地位置不应有水，周围不应堆放易燃物。

　　4）道路应畅通，应预留进入现场的材料、成品及半成品的运输通道，加工场地不应阻碍消防通道。

5）应具有良好的照明；应有消防设施，并应符合要求。

6）加工设备布置在建筑物内时，应考虑建筑物楼板、梁的承载能力，必要时应采取相应措施。

7）洁净空调系统的风管制作应有干净、封闭的库房，用于储存成品或半成品风管。

（3）材料进场检验内容主要包括检查质量证明文件齐全，材料的形式、规格符合要求，观感良好。选用板材或型材时，应根据施工图及相关技术文件的要求，对选用的材料进行复检。

制作金属风管的板材及型材的种类、材质和特性要求应符合表 2-1 的规定。

金属板材及型材的种类、材质和特性要求　　　　表 2-1

种类	材质要求	板材特性要求
钢板	材质应符合现行国家标准《优质碳素结构钢冷轧薄钢板和钢带》GB/T 13237 或《优质碳素结构钢热轧薄钢板和钢带》GB/T 710 的规定	钢板表面应平整光滑，厚度应均匀，不应有裂纹、结疤等缺陷
镀锌钢板（带）	材质应符合现行国家标准《连续热镀锌钢板及钢带》GB/T 2518 的规定	钢板表面应平整光滑，厚度应均匀，不应有裂纹、结疤镀锌层脱落、锈蚀、划痕等缺陷；满足机械咬合功能，板面镀锌层厚度采用双面三点试验平均值应大于或等于 100g/m² (或 100 号以上)
不锈钢板	应采用奥氏体不锈钢，其材质应符合现行国家标准《不锈钢冷轧钢板和钢带》GB/T 3280 的规定	不锈钢板表面不应有明显的划痕、刮伤、斑痕和凹穴等缺陷
型材	材质应符合现行国家标准《热轧等边角钢尺寸、外形、重量及允许偏差》GB 9787、《热轧扁钢尺寸、外形、重量及允许偏差》GB704、《热轧槽钢尺寸、外形、重量及允许偏差》GB 707、《热轧钢棒尺寸、外形、重量及允许偏差》GB/T 702 的规定	—

（4）主要机具包括剪板机、电冲剪、手用电动剪、倒角机、咬口机、压筋机、折方机、合缝机、振动式曲线剪板机、卷圆机、圆弯头咬口机、型钢切割机、角（扁）钢卷圆机、液压钳、钉钳、电动拉铆枪、台钻、手电钻、冲孔机、插条法兰机、螺旋卷管机、电气焊设备、空气压缩机、油漆喷枪等设备，不锈钢板尺、钢直尺、角尺、量角器、划规、划针、铁锤、手锤、木槌、拍板等小型工具。

仪器仪表包括漏风量测试装置、压差计等。

2.1.2 风管规格及板材最小厚度

（1）圆形风管规格应符合表 2-2 的规定，并宜选用基本系列；矩形风管规格应符合表 2-3 的规定。

圆形风管规格（mm）　　　　　　表 2-2

风管直径 D					
基本系列	辅助系列	基本系列	辅助系列	基本系列	辅助系列
100	80	140	130	200	190
	90	160	150	220	210
120	110	180	170	250	240
280	260	560	530	1120	1060
320	300	630	600	1250	1180
360	340	700	670	1400	1320
400	380	800	750	1600	1500
450	420	900	850	1800	1700
500	480	1000	950	2000	1900

矩形风管规格（mm）　　　　　表 2-3

风管边长								
120	200	320	500	800	1250	2000	3000	4000
160	250	400	630	1000	1600	2500	3500	

注：椭圆形风管可按本表中矩形风管系列尺寸标注长短轴。

6

（2）钢板矩形风管与配件的板材最小厚度应按风管断面长边尺寸和风管系统的设计工作压力选定，并应符合表2-4的规定。

钢板矩形风管与配件的板材最小厚度（mm）　　表2-4

风管长边尺寸 b	低压系统(≤500Pa) 中压系统(500Pa<P≤1500Pa)	高压系统(P>1500Pa)
b≤320	0.5	0.75
320<b≤450	0.6	0.75
450<b≤630	0.6	0.75
630<b≤1000	0.75	1.0
1000<b≤1250	1.0	1.0
1250<b≤2000	1.0	1.2
2000<b≤4000	1.2	按设计

（3）钢板圆形风管与配件的板材最小厚度应按断面直径、风管系统的设计工作压力及咬口形式选定，并应符合表2-5的规定。

钢板圆形风管与配件的板材最小厚度（mm）　　表2-5

风管直径 D	低压系统 （P≤500Pa）		中压系统(500Pa< P≤1500Pa)		高压系统 （P>1500Pa）	
	螺旋咬口	纵向咬口	螺旋咬口	纵向咬口	螺旋咬口	纵向咬口
D≤320	0.50		0.50		0.50	
320<D≤450	0.50	0.60	0.50	0.7	0.60	0.7
450<D≤1000	0.60	0.75	0.60	0.7	0.60	0.7
1000<D≤1250	0.7(0.8)	1.00	1.00	1.00	1.00	
1250<D≤2000	1.00	1.20	1.20		1.20	
>2000	1.20	按设计				

注：对于椭圆风管，表中风管直径是指其最大直径。

（4）排烟系统风管采用镀锌钢板时，板材最小厚度可按高压系统选定。

（5）不锈钢板、铝板风管与配件的板材最小厚度应按矩形风管长边尺寸或圆形风管直径选定，并应符合表 2-6 和表 2-7 的规定。

不锈钢板风管与配件的板材最小厚度（mm）　　表 2-6

矩形风管长边尺寸 b 或圆形风管直径 D	板材最小厚度
100<D≤500	0.5
560<b(D)≤1120	0.75
125≤<b(D)≤2000	1.0
2500<b(D)≤4000	1.2

铝板风管与配件的板材最小厚度（mm）　　表 2-7

矩形风管长边尺寸 b 或圆形风管直径 D	板材最小厚度
100<b(D)≤320	1.0
360<b(D)≤630	1.5
700<b(D)≤2000	2.0
2500<b(D)≤4000	2.5

2.1.3　板材的划线与剪切

1. 板材的划线

（1）加工前，应依据加工草图放样划出展开图，并加放咬口或搭接的留量制作样板，且应与图纸尺寸详细校对无误后，方可成批划线下料。

（2）划线前，应先检查板材本身是否方正，板面是否平整。划线时，应留出各种咬口留置及折边留量。应将样板放在板材上拼套，选出最省料的拼套方案，然后沿样板划线。

（3）当板材幅度小于管件尺寸时，宜在放样前进行拼接，若在下料后拼接，应保证拼接尺寸正确，以免部件扭曲走样。

（4）手工划线、剪切或机械化制作前，应对使用的材料（板材、卷材）进行线位校核。

（5）应根据施工图及风管大样图的形状和规格，分别进行划线。

（6）不得用金属划针在不锈钢板材表面上划线，应用色笔（记号笔）划线，应避免损伤现象，保持板面清洁。

（7）铝板风管和配件表面应避免刻划，不应有划伤等缺陷，放样时应采用铅笔或色笔划线放样，风管的咬口成型应用木槌或木方尺，在搬运及加工时，不应在地面上拖拉。

（8）采用角钢法兰铆接连接的风管管端应预留 6～9mm 的翻边量，采用薄钢板法兰连接或 C 形、S 形插条连接的风管管端应留出机械加工成型量。

2. 板材剪切要求

（1）手工裁剪时，应将剪刀下部的钩环贴靠地面，剪背应平直，上面刀口应对准剪切线，上下刀刃应靠紧，沿线剪切。不得走线或剪边不平带有毛刺。裁剪直线应用直剪，裁剪曲线时宜用弯剪。

（2）在板材中间剪孔时，应先用扁凿凿出一个小孔，以便剪刀插入。

（3）采用剪板机剪切板材时，板材上不得带有焊痕或其他杂物，以免损伤刀口，剪板机的上下刀口有缺口、卷刃或裂缝时，必须修理或调换。

（4）板料剪切后咬口前必须用倒角机或铁剪子进行倒角操作，避免接缝、翻边重叠。倒角形状如图 2-1 所示。

3. 龙门直线剪板机剪板操作

（1）操作前应根据板材厚度则整上下刀口口间的间隙，并固定牢靠。

（2）剪切小块板材时可一人操作，先使划线对准下刀 U 的刀刃线，然后踩动离合器，使上刀口落下进行剪切。

（3）剪切大块板材时应两人操作，分别负责对准两端划线，由一人踩动离合器进行剪切，两人必须互相呼应。掌握离合器的人必须得到对方的剪切信号后方可开机，以防切断手指或切出

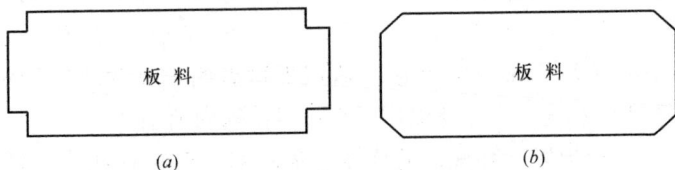

图 2-1 倒角示意图

(a) 机械倒角；(b) 手工倒角

废品。

(4) 剪板机若带有挡板装置，并剪切大量相同规格的板材时，可不划线将挡板调节到所需尺寸的位置后，使板材的一边紧靠挡板进行剪切。第一块剪切后应检查尺寸，符合要求后方可成批下料，中间还应抽检，以保证质量。

4. 双轮剪板机剪板操作

(1) 放置板材的平台的标高，应与轧轮剪切点的标高一致。

(2) 剪切直线时，平台下应设置滑道或轮子，其行走方向应与轧轮平面平行，滑道或轮子与轨道的间隙不宜过大，以防左右摆动，剪线不直。

(3) 剪切圆时，平台的旋转轴应固定牢靠，不得摆动。平台中心至剪切点的距离应等于圆半径，其连线应与轧轮平面垂直。

(4) 剪切时，应将板材上的划线对准轧轮的剪切点，把板材固定在平台上，用手推动平台进行剪切。严禁将手靠近轧轮、防止伤手。

5. 振动曲线剪板机剪板操作

(1) 操作前应根据板材厚度调整上下刀口间隙，并固定牢靠。

(2) 振动刀口启动开关，刀口即不断升降，将板材送入刀口间，并用手扶稳板材，使划线沿刀口移动，进行剪切。动作应缓慢均匀，防止走线。

(3) 剪切孔洞时，先将上刀升起，放入板材，对准划线，再放下上刀、扳动开关、沿线剪切。

2.1.4 风管板材拼接及接缝要求

（1）风管板材的拼接方法可按表2-8确定。

风管板材的拼接方法 　　　　　表 2-8

板厚(mm)	镀锌钢板(有保护层的钢板)	普通钢板	不锈钢板	铝板
$\delta \leqslant 1.0$	咬口连接	咬口连接	咬口连接	咬口连接
$1.0 < \delta \leqslant 1.2$	咬口连接	电焊	氩弧焊或电焊	铆接
$1.2 < \delta \leqslant 1.5$	咬口连接或铆接			气焊或氩弧焊
$\delta > 1.5$	焊接			

（2）风管板材拼接的咬口缝应错开，不应形成十字形交叉缝。

（3）洁净空调系统风管不应采用横向拼缝。

（4）风管板材拼接采用铆接连接时，应根据风管板材的材质选择铆钉。

2.1.5 风管板材咬口连接

1. 连接形式及适用范围

矩形、圆形风管板材咬口连接形式及适用范围应符合表2-9的规定。

风管板材咬口连接形式及适用范围 　　　表 2-9

名称	连接形式		适用范围
单咬口		内平咬口	低、中、高压系统
		外平咬口	低、中、高压系统

名称	连接形式	适用范围
联合角咬口		低、中、高压系统矩形风管或配件四角咬口连接
转角咬口		低、中、高压系统矩形风管或配件四角咬口连接
按扣式咬口		低、中压系统的矩形风管或配件四角咬口连接
立咬口、包边立咬口		圆、矩形风管横向连接或纵向接缝,弯管横向连接

2. 交口连接要求

（1）划线核查无误并剪切完成的片料应采用咬口机轧制或手工敲制成需要的咬口形状。折方或卷圆后的板料用合口机或手工进行合缝,端面应平齐。操作时,用力应均匀,不宜过重。

板材咬合缝应紧密,宽度一致,折角应平直,并应符合表2-10的规定。

咬口宽度表（mm）   表 2-10

板厚 δ	平咬口宽度	角咬口宽度
δ≤0.7	6～8	6～7
0.7<δ≤0.85	8～10	7～8
0.85<δ≤1.2	10～12	9～10

（2）空气洁净度等级为1级～5级的洁净风管不应采用按扣式咬口连接,铆接时不应采用抽芯铆钉。

（3）矩形风管采用立咬口或包边立咬口连接时,其立筋的高度应大于或等于角钢法兰的高度，同一规格风管的立咬口或包边立咬口的高度应一致，咬口采用铆钉紧固时，其间距不应大于150mm。

3. 单平咬口的手工加工

（1）划线，如图2-2（a）所示。

（2）为了避免板材移动，宜先在划线的两端打出折边，然后用拍板沿线向前均匀拍打，可将咬口部分先弯折50°～70°，再打成90°，如图2-2（b）所示。检查折边宽度需一致，再将折边由90°拍打成180°，如图2-2（c）所示。

（3）然后将板材根据其厚度探出槽钢棱边外（一般比咬口宽度多探出1～2mm），用拍板将折边拍打成45°，并注意咬口部分应留出夹入另一块板材的空隙。

（4）将另一块板材同样按上述方法折边。

（5）将两块板材的折边扣在一起，如图2-2（d）所示，先用木槌将咬口两端打紧，再沿全长均匀打紧打平，然后将咬口翻面再打一遍使其成形，如图2-2（f）或用咬口套压平咬口。

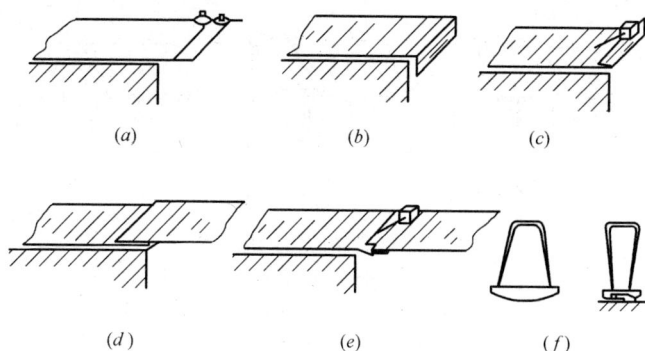

（a）　　　　　　　（b）　　　　　　　（c）

（d）　　　　　　　（e）　　　　　　　（f）

图2-2　单平咬口加工步骤

（a）划线；（b）、（c）折边；（d）相互钩挂；

（e）用木槌打平；（f）用咬口塞压平咬口

13

4. 转角咬口的手工加工

先将一块板材折成 90°立折边；另一块折成 180°平折边，再将带有平折边的板材套在带有立折边的板材上━┓；并用小方锤和衬铁将咬口打紧。

再用拍板将咬口打平━━，最后用小方锤和衬铁加以平整，即成转角咬口（单角咬口）。

5. 联合角咬口的手工加工

（1）将一块板材按图 2-3（a）逐步折至图 2-3（c）的折边形状。

（2）并将另一块板伸出的板边拍打弯折 90°，如图 2-3（d）所示，再将两块折边部分扣合如图 2-3（e）所示。

（3）将第一块板伸出的板边拍打弯折 90°，并将咬口打平打紧如图 2-3（f）所示，即成联合角咬口。

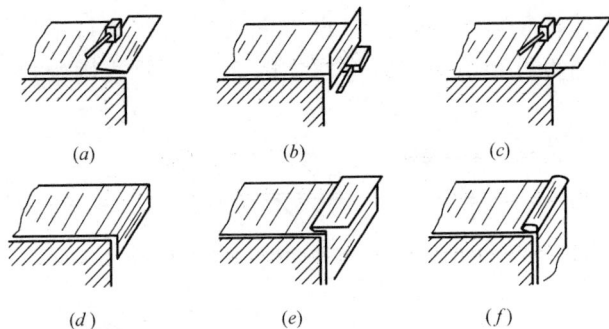

图 2-3　联合角咬口的加工步骤
(a) 在一块板上折边；(b)、(c) 打成咬口并平整；
(d) 在另一块上折边；(e) 互相钩挂；(f) 将咬口缝压平

6. 两圆管接头单立咬口的手工加工

（1）将一根管子端部的划线与工作台上的型钢棱边重合，用小方锤的窄面敲打管端，同时慢慢转动管子，使管端折边逐步向外弯折，最后折 90°折边，成为单口，如图 2-4（a）、(b)、(c)、 （d）所示。

（2）将另一根管子端部的划线（其折边宽度应加倍）与型钢棱边重合按上述方法，先折出单口，然后折成双口。如图 2-4（e）所示。

（3）将单口插入双口内，在型钢上方用锤将双口的立边逐步敲平、敲紧，使两个管端紧密连接，即成为单立咬口。如图 2-4（f）、（g）所示。

（4）两圆管接头采用单平咬口时，应先按单立咬口的方法接口，再将接头部分套在型钢或圆钢管上用锤打紧打平，即成为单平咬口。

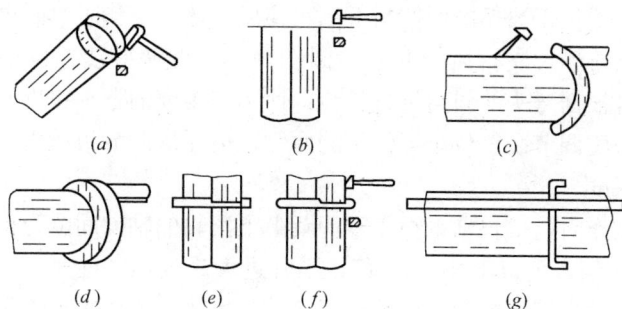

图 2-4　两圆管接头单立咬口的手工加工

（a）、（b）扩大翻边；（c）、（d）打成承口；

（e）两节圆风管对口；（f）、（g）打成立咬口并压平

7. 直线多轮咬口机加工操作

单平咬口机、按扣式咬口机、联合角咬口机都属直线多轮型咬口机，操作时先把靠尺调整好，再把板料放在机旁的料架上，对正靠尺慢慢推进辊轮，板材被辊轮轧住后就会自行前移，走向后面的辊轮，操作者始终用手推住板料靠紧靠尺。板料经辊轮后即可形成所需的咬口。

8. 曲线咬口机加工操作

曲线咬口机用来轧制矩形弯头板料上曲线部分的公口（矩形弯头咬口的母口仍用多轮咬口机轧制，板料轧好母口后再用手工弯成曲面）。

带曲线的板料下好料后按照内弯和外弯方向送入辊轮，始终用手把握好进料和出料的方向，保证板料不跑偏，就能轧出所需咬口。

9. 圆弯头咬口机加工操作

圆弯头咬口机用来轧制圆形管口的单立咬口，它由机架、传动机构、咬口滚轮，进给装置，直径调节装置和深度调节装置等部分组成。它有两个工作头，可以同时工作。进给装置位于工作头上，与上滚轮连在一起，工作时转动手轮使上滚轮升降，直径调节装置位于滚轮的两侧与上滚轮连成一体，工作时，同风管构成三点接触，支持风管并起整圆作用。角度调节装置位于滚模下，可根据弯头的斜角进行调节，使不同角度的弯头在机架上咬口。深度调节装置位于工作头的两侧，借弧形调节板作用，调节咬口深度。

操作时，可根据钢板厚度调节上下滚轮的轴向间隙为板厚的2.5～3倍，公口1.3～1.5倍，不宜过大或过小。过大咬口难成直角，过小钢板断裂。调整好间隙后，可将弯头放入滚轮间，调整角度装置使弯头上部呈水平（只宜外面偏离）。再调整深度装置，对于公口，弯头伸入滚轮的深度等于0.75倍的咬口宽度；对于母口应等于1.25倍咬口宽度，然后调整直径调节装置。两端高度一致并与弯头轻微接触，不要压得过紧，最后调整进给装置，启动电机进行咬口。

制作公口时，应自始至终用手扶住弯口。压制母口时，开始用手扶住，转动两周后就可以放开。咬口时，每次进给应缓慢而均匀，通常每转动一周作一次进给，每次进给量为1.5～2mm，直至上下滚轮接触为止。对于直径小和管壁较厚的弯头，进给量稍小些，进给速度也可以缓慢一些，有利于提高咬口质量。

2.1.6　板材卷圆折方

1. 手工卷圆

（1）先将板材两边咬口的折边做出。

（2）将两边咬口附近的板边放在钢管上用拍板打圆。

（3）再用拍板将其余部分拍圆。

（4）将咬口扣接后，打紧拍实。

（5）再用拍板在钢管上将棱角打平找圆，找圆时用力应均匀，直到圆弧圆滑为止。

2. 机械卷圆

（1）先将板材两边咬口的折边做出。

（2）把咬口附近的两个板边放在钢管上，用拍板打圆。

（3）根据加工件直径，调整卷圆机上、下辊之间的距离后，将板材放入上、下辊之间，开机卷圆成形。

（4）停机后取出圆管，将咬口扣合，打紧拍实。

（5）再将圆管放入上、下辊之间，再次找圆，直至圆弧一致。

（6）螺旋卷管，采用螺旋卷管机，可以使用定宽度的薄钢板卷制成螺旋咬口或螺旋焊口的风管。

3. 手工折方

（1）先将板材两边咬口的折边做出，若风管端部需要折边，还应按纵向折线将板材端部预先剪口。

（2）将板材放在工作台上，使板材上的折线与工作台上的型钢棱边重合，由两人分别立于板材的两端，同时进行压折。压折时一手将板材压在工作台上，一手用力将板材向下折成直角，然后用拍板进行修整，批出棱角。

（3）用同样方法折出其余方角。

（4）扣合角咬口，打紧拍实。

4. 机械折方

（1）先将板材两边咬口的折边做出。

（2）把折方机上的压板松开，将板材送进压板下面。板材的折线应与压板的外棱边对齐。

（3）再将压板放下固定，压紧板材，然后扳动操作杆进行折弯。

（4）用同样方法折出其余方角。扣合角咬口，打紧拍实。

2.1.7　风管铆接

（1）铆钉用于板材与板材、风管或部件与法兰之间的连接，常用的有半圆头铆钉、平头铆钉和安字牌铆钉。

（2）铆钉直径应不小于板厚的 2 倍，且不小于 3mm，铆钉长度应按直径 2~3 倍选用。

（3）铆钉间距一般为 40~100mm，柳钉孔中心到钢板边距离应不小于 3 倍铆钉直径。

（4）铆接前应在板材接口处划线（需咬口的应先咬合），确定铆钉位置，再按铆钉直径钻出铆钉孔，孔的间距应一致。

（5）铆钉穿入铆钉孔后，必须垂直于板材表面，然后放好垫铁，用手捧锤打钉尾，镦粗打平，使板材密合压紧。

（6）为了防止铆接时板材位移或错孔，宜先将两端的铆钉铆固，然后在中间钻孔铆固。铆钉应排列整齐，间距一致，铆钉牢固不要斜。

2.1.8　风管焊接连接

（1）焊缝形式应根据风管的接缝形式、强度要求和焊接方法确定。各类焊缝形式，如图 2-5 所示。

（2）板厚大于 1.5mm 的风管可采用电焊、氩弧焊等。

（3）焊接前，应采用点焊的方式将需要焊接的风管板材进行成型固定。

（4）焊接时宜采用间断跨越焊形式，间距宜为 100~150mm，焊缝长度宜为 30~50mm，依次循环。

（5）焊材应与母材相匹配，焊缝应满焊、均匀。焊接完成

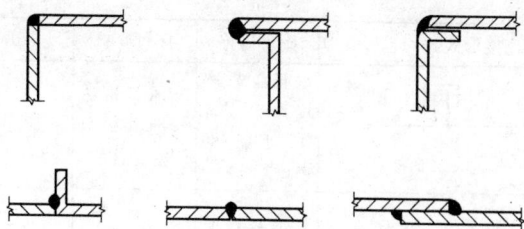

图 2-5　风管焊接焊缝形式示意

后，应对焊缝除渣、防腐，板材校平。

2.1.9　圆形风管连接

1. 连接形式及适用范围

圆形风管连接形式及适用范围应符合表 2-11 的规定。

圆形风管连接形式及适用范围　　　　表 2-11

连接形式			附件规格	接口要求	适用范围
角钢法兰连接			—	法兰与风管连接采用铆接或焊接	低、中、高压风管
承插连接	普通		—	插入深度大于或等于30mm，有密封措施	低压风管直径小于700mm
	角钢加固		∟25×3 ∟30×4	插入深度大于或等于20mm，存密封措施	低、中压风管
	加强筋		—	插入深度大于或等于20mm，有密封措施	低、中压风管
芯管连接			芯管板厚度大于或等于风管壁厚度	插入深度每侧大于或等于50mm，有密封措施	低、中压风管

19

连接形式		附件规格	接口要求	适用范围
立筋抱箍连接		抱箍板厚度大于或等于风管壁厚度	风管翻边与抱箍结合严密、紧固	低、中压风管
抱箍连接		抱箍板厚度大于或等于风管壁厚度,抱箍宽度大于或等于100mm	管口对正,抱箍应居中	低、中压风管

2. 承插连接

制作风管时,使风管的一端比另一端的尺寸略大,然后插入连接,插入深度≥30mm,用拉铆钉或自攻螺钉固定两节风管连接位置,在接口缝内或外沿涂抹密封胶,完成风管段的连接。

3. 芯管连接

利用芯管作为中间连接件,芯管两端分别插入两根风管实现连接,插入深度≥50mm,然后用拉铆钉或自攻螺钉将风管和芯管连接段固定,并用密封胶将接缝封堵严密。

风管采用芯管连接时,芯管板厚度应大于或等于风管壁厚度,芯管外径与风管内径偏差应小于3mm。

4. 抱箍连接

风管抱箍形式有单抱箍和双抱箍两种,如图2-6所示。

(1) 管端压筋时,首先要校正圆风管端头,使风管端面垂直于风管轴线;调整压筋机,将风管送入上下辊轮之间,盘动手轮使上辊轮下降压紧风管。启动压筋机,风管即随辊轮转动,用手把风管顶紧在出靠模上不能走偏。风管转一圈把上辊轮紧一次,约转3~4转后可完成压筋。

压筋应圆弧饱满,均匀一致。上辊轮下降不能过度,否则压筋会从根部折断。

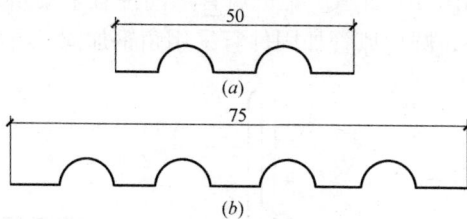

图 2-6　风管抱箍形式

(a) 单抱箍；(b) 双抱箍

(2) 单抱箍加工

下料：将与风管相同材质的板料剪成宽 55mm 左右、长为风管周长加 10mm 的板条。

成形：将板条卷成圆环状，并把端头用气焊点焊成一起。注意点焊的位置不能影响压筋。

压筋：调好压筋机靠模，先压好一道筋后，再从另端压出另一道筋。抱箍的边缘平齐且应略向内倾斜（决不能外翻），这样便于贴紧风管减少漏风量。

焊连接环：连接环可采用比连接螺栓大一号的螺母，也可另加工。连接环应焊牢在抱箍上。铝风管上的抱箍连接环可用 2mm 厚的不锈钢板条制作，铆在抱箍上。

连接螺杆的制作和选用：连接螺杆也称锁紧螺杆，可用长度 150mm 的圆钢套丝制成，也可选用镀锌螺栓。

抱箍修整：将抱箍从点焊处锯开，清除焊接杂物及压箱槽内杂物，刷两道防锈漆，晾干待用。

(3) 双抱箍加工时，当风管直径大于 700mm 时，应采用双抱箍。制作方法与单抱箍相同。但要压出四条筋，板条宽度为 85mm。

2.1.10　风管加固

(1) 风管可采用管内或管外加固件、管壁压制加强筋等形式

21

进行加固，如图 2-7 所示。矩形风管加固件宜采用角钢、轻钢型材或钢板折叠；圆形风管加固件宜采用角钢加固。

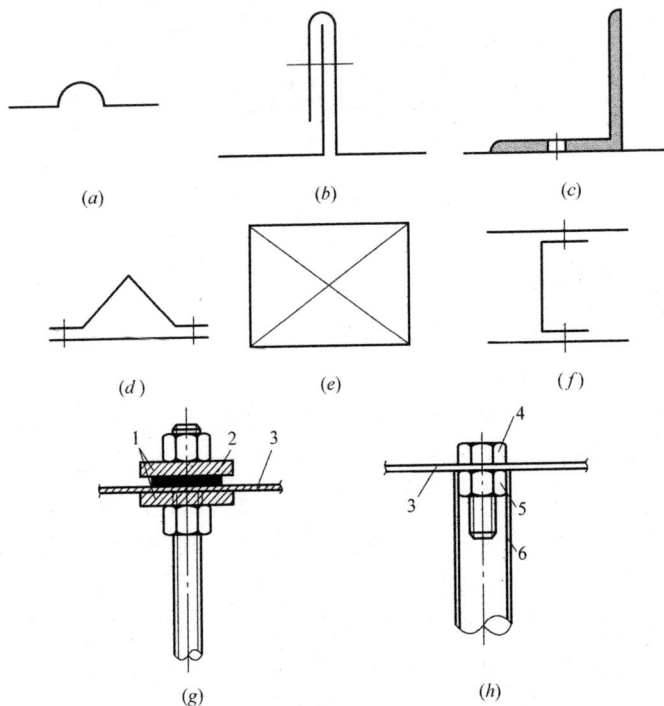

图 2-7　风管加固形式示意

（a）压筋；（b）立咬口加固；（c）角钢加固

（d）折角加固；（e）十字交叉筋；（f）扁钢内支撑

（g）镀锌螺杆内支撑；（h）钢管内支撑

1—镀锌加固垫圈；2—密封圈；3—风管壁面；4—螺栓；

5—螺母；6—焊接或铆接（$\phi 10 \times 1 \sim \phi 16 \times 3$）

（2）矩形风管边长大于或等于 630mm、保温风管边长大于或等于 800mm，其管段长度大于 1250mm 或低压风管单边面积大于 1.2m²，中、高压风管单边面积大于 1.0m² 时，均应采取加固措施。边长小于或等于 800mm 的风管宜采用压筋加固。边长在 400~630mm 之间，长度小于 1000mm 的风管也可采用压制十字交叉筋的方式加固。常用的矩形风管加固外形图，如图 2-8 所示。

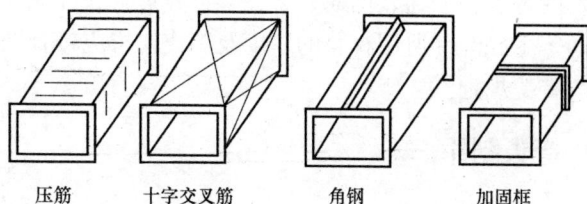

| 压筋 | 十字交叉筋 | 角钢 | 加固框 |

图 2-8　矩形风管加固外形图

（3）圆形风管（不包括螺旋风管）直径大于或等于 800mm，且其管段长度大于 1250mm 或总表面积大于 4m² 时，均应采取加固措施。

（4）中、高压风管的管段长度大于 1250mm 时，应采用加固框的形式加固。高压系统风管的单咬口缝应有防止咬口缝胀裂的加固措施。

（5）洁净空调系统的风管不应采用内加固措施或加固筋，风管内部的加固点或法兰铆接点周围应采用密封胶进行密封。

（6）风管加固应排列整齐，间隔应均匀对称，与风管的连接应牢固，铆接间距不应大于 220mm。风管压筋加固间距不应大于 300mm，靠近法兰端面的压筋与法兰间距不应大于 200mm；风管管壁压筋的凸出部分应在风管外表面。

（7）风管采用镀锌螺杆内支撑时，镀锌加固垫圈应置于管壁内外两侧。正压时密封圈置于风管外侧，负压时密封圈置于风管内侧，风管四个壁面均加固时，两根支撑杆交叉成十字状。采用钢管内支撑时，可在钢管两端设置内螺母。

（8）铝板矩形风管采用碳素钢材料进行内、外加固时，应按设计要求作防腐处理；采用铝材进行内、外加固时，其选用材料的规格及加固间距应进行校核计算。

2.2 配件制作

风管的弯头、三通、四通、变径管、异形管、导流叶片、三通拉杆阀等主要配件所用材料的厚度及制作要求应符合同材质风管制作的有关规定。

2.2.1 弯头制作

1. 圆形风管弯头

（1）金属圆形弯头根据弯曲角度，由若干个带有双斜口的中节和两个带有单斜口的端节组合而成。弯头角度有 $90°$、$60°$、$45°$、$30°$四种，弯头的节数根据管径确定，弯头曲率与弯头直径关系为半径 $R=(1\sim1.5)D$。

（2）圆形风管弯头的弯曲半径（以中心线计）及最少分段数应符合表 2-12 的规定。

圆形风管弯头的弯曲半径和最少分段数　　表 2-12

风管直径 D(mm)	弯曲半径 R(mm)	弯曲角度和最少节数							
		$90°$		$60°$		$45°$		$30°$	
		中节	端节	中节	端节	中节	端节	中节	端节
$80<D\leqslant220$	$\geqslant1.5D$	2	2	1	2	1	2	—	2
$240<D\leqslant450$	$\geqslant1.5D$	3	12	2	2	1	2	1	2
$480<D\leqslant800$	$D\sim1.5D$	4	2	2	2	1	2	1	2
$850<D\leqslant1400$	D	5	2	3	2	2	2	1	2
$1500<D\leqslant2000$	D	8	2	5	2	3	2	2	2

（3）圆形弯头成型如果采用咬口连接，中节、端节要留出咬口留量，端节应留出短直管段和翻边量，短直管段用于装配调节法兰角度，留量等于法兰宽度，翻边量为 10mm。圆形弯头可以按图 2-9 展开。

（4）弯头的咬口，要求严密一致，但当直径较小时，弯头的

主视图

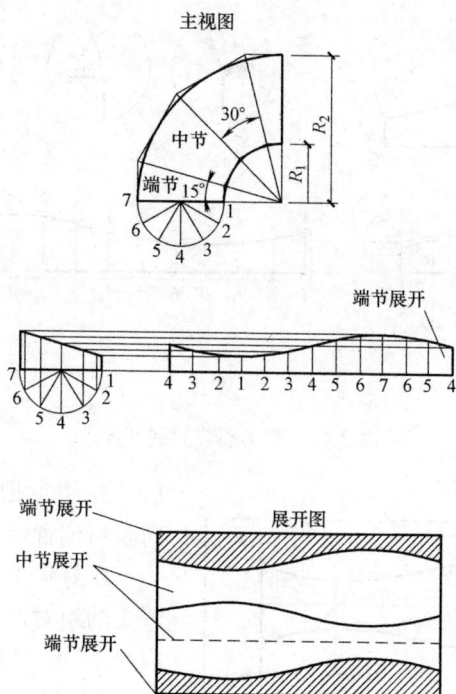

端节展开

中节展开
端节展开
端节展开

展开图

图 2-9　圆形弯头展开

曲率半径也较小。在实际操作时，由于弯头里侧的咬口不易打成像弯头背处紧密，经常出现如图 2-10（a）所示的情况，弯头组合后，造成不够 90°角度，所以在划线时，把弯头的"里高" BC 减去 h 距离，以 BC′ 进行展开，如图 2-10（b）所示。h 一般为 2mm 左右。

（5）展开好的端节，应放出咬口留量，然后用剪好的端节或中节做样板，按需要的数量在板材上划出剪切线，如图 2-11 所示。并划出 AD 和 BC′ 线，以便组对装配使用。

（6）圆形弯头加工，把划好线的板材，用手剪或机械剪剪开，拍好纵咬口，加工成带斜口的短管。然后在弯头咬口机上压出横立咬口。压咬口时，应注意每节压成一端单口，一端为双

25

(a)

(b)

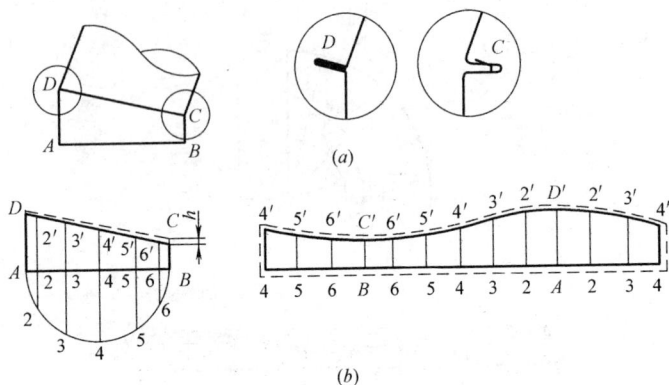

图 2-10　弯头端节的展开要求

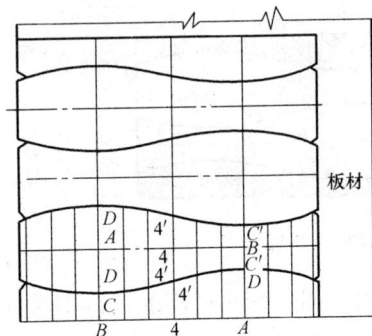

图 2-11　划剪切线

口。并注意把各管节的纵向咬口位置错开。

压好咬口，就可进行弯头的组对装配。装配时，应把短节上的 *AD* 线及 *BC′* 线与另一短节上的 *AD* 线及 *BC′* 线对正，这样可以避免做好的弯头发生歪扭现象。

弯头可用弯头合缝机或用钢制方锤在工作台上进行合缝。

2. 矩形风管弯头

矩形风管的弯头可采用直角、弧形或内斜线形，宜采用内外同心弧形，曲率半径宜为一个平面边长。

矩形弯头成型如果采用咬口连接，弯头放样下料应根据咬口的形式确定所需的加工余量。采用翻边方式与法兰连接，下料应留出短直管段和翻边量，短直管段用于装配调节法兰角度，留量

26

等于法兰宽度，翻边量为10mm。

如图2-12所示，矩形弯头中心合理弯曲半径尺与边长 A 关系，一般确定为 $R=1.5A$。

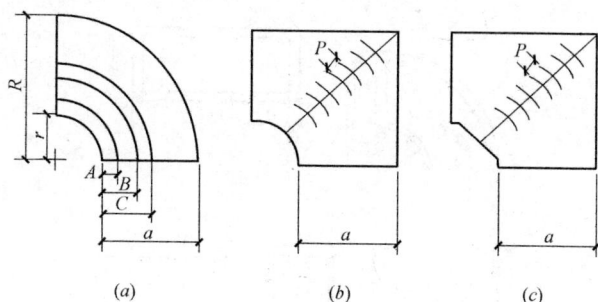

图 2-12　矩形弯头示意图

（a）内外同心弧型；（b）内弧外直角型；（c）内斜线外直角型

矩形弯头可按图2-13展开。

2.2.2　导流叶片设置

边长大于或等于500mm，且内弧半径与弯头端口边长比小于或等于0.25时，应设置导流叶片，导流叶片宜采用单片式、月牙式两种类型，如图2-14所示。

导流叶片内弧应与弯管同心，导流叶片应与风管内弧等弦长。

导流叶片间距 L 可采用等距或渐变设置的方式，最小叶片间距不宜小于200mm，导流叶片的数量可采用平面边长除以500的倍数来确定，最多不宜超过 4 片。导流叶片应与风管固定牢固，固定方式可采用螺栓或铆钉。

2.2.3　金属三通制作

圆形风管三通、四通、支管与总管夹角宜为 $15°\sim60°$。交角较小时，三通的高度较大；反之高度则较小。在加工断面较大的三通，为不使三通高度过大，应采用较大的交角。

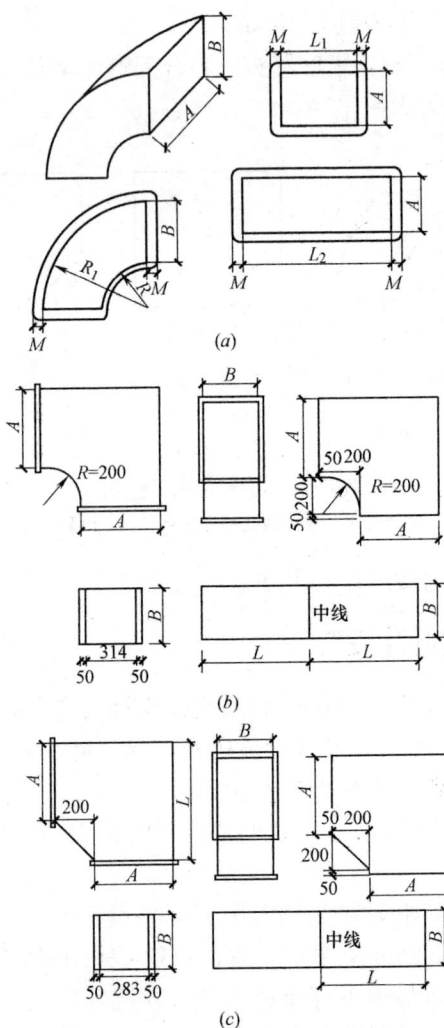

图 2-13　矩形弯头展开图

（a）内外同心弧型弯头展开；（b）内弧外直角型弯头展开；

（c）内斜线外直角型弯头展开

1. 金属圆形三通

圆形三通分为斜式壶式三通及分叉三通。圆形壶式三通不同

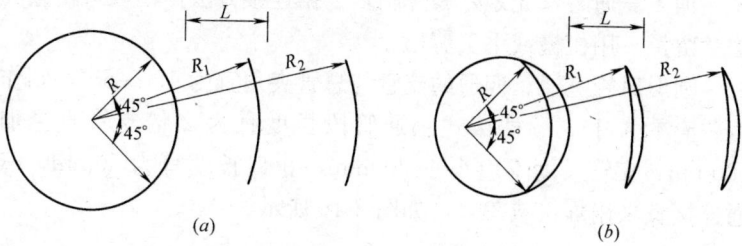

图 2-14　风管导流叶片形式示意

（a）单片式；（b）月牙式

规格和展开尺寸见《全国通用通风管道配件图表》，分叉三通展开，如图 2-15 所示。

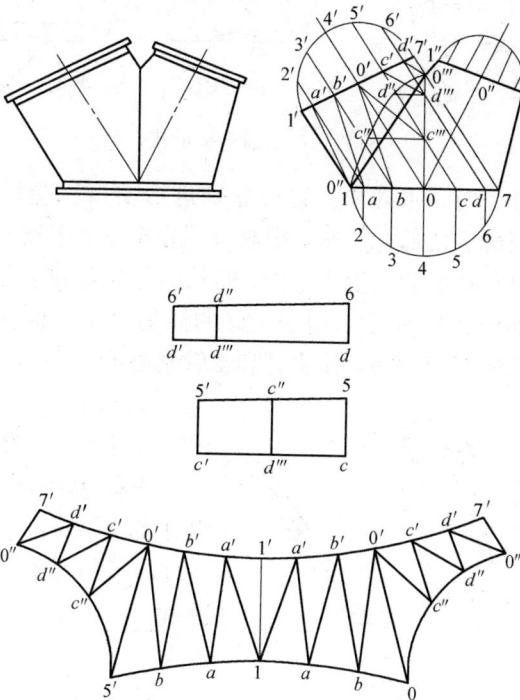

图 2-15　圆形分叉三通展开图

加工三通时，先划好展开图，根据连接方法留出咬口留量和法兰留量。用机械或手工剪切。

圆形风管三通、四通的支管与总管夹角宜为 $15°\sim60°$，制作偏差应不大于 $3°$。插接式三通管段长度宜为 2 倍支管直径加 100mm、支管长度不应小于 200mm，止口长度宜为 50mm。三通连接宜采用焊接或咬接，如图 2-16 所示。

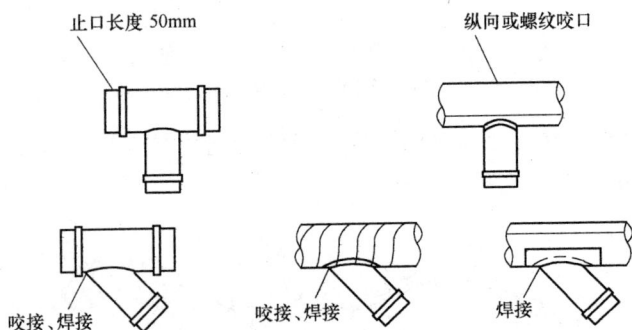

图 2-16　三通连接形式

当用插条时，主管和支管可分别进行咬口，卷圆把咬口压实，加工成独立的部件。然后把对口部分放在平钢板上检查是否贴实。再进行接合缝的折边工作，折边时把支管和主管都折成单平折边，如图 2-17 所示。用加工好的插条，在三通接合缝处插入，并用木槌轻轻敲入，使主管和支管紧密地接合。

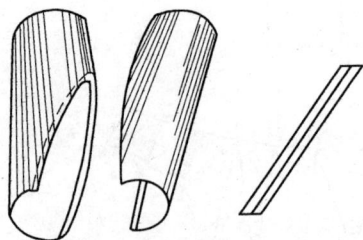

图 2-17　三通的插条连接

插条插入后，用小锤和衬铁，将插条打紧打平。

当采用焊接连接时，可用对接缝形式。如果板材较薄时，可将接合缝处的板，扳起 5mm 的立边用气焊解决。

当接合缝用咬口连接时，可用覆盖法（俗称大

30

咬）进行。展开时，将纵向闭合咬口留在侧面。操作时，把剪好的板材，先拍制好纵向闭合咬口，把展开的主管平放在展开的支管上，如图 2-18 中的 1 和 2 所示步骤加工接合缝的咬口，然后用手掰开主管和支管，把接合缝打紧、打平，如图 2-18 中的 3 和 4。最后把主管和支管卷圆，并打紧打平纵向闭合咬口，再进行三通的找圆和修整工作。

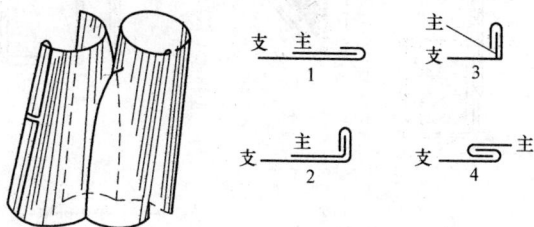

图 2-18　三通覆盖法咬接

圆形风管三通采用咬口连接，也可把接合缝处做成单咬口的形式，最后再把立咬口打平，并加以修整。

2. 金属矩形三通

金属矩形三通有整体式三通、插管式三通及弯管组合式三通等。

（1）整体式三通

整体式三通有正三通和斜三通，正三通外形构造及展开，如图 2-19 所示，斜三通外形构造及展开，如图 2-20 所示。为便于标准化生产，不同规格三通展开尺寸见《全国通用通风管道配件图表》。

（2）插管式三通

插管式三通是在风管的直管段侧面连接一段分支管，其特点是灵活、方便，而且省工省料。风管直管段与分支管有两种连接方法，一种方法是咬口连接，如图 2-21 所示。另一种方法是连接板式插入连接，分支管连接板与风管接触部分，特别是分支管的四个角，应用密封材料进行处理，以减少连接处的漏风量。

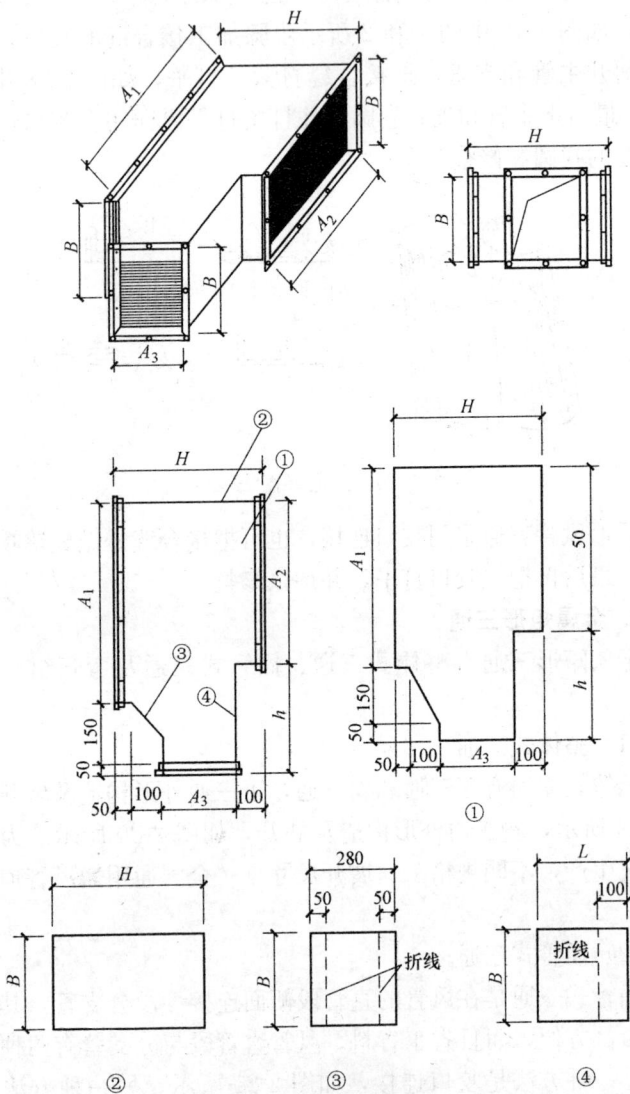

图 2-19　整体式正三通构造及展开图

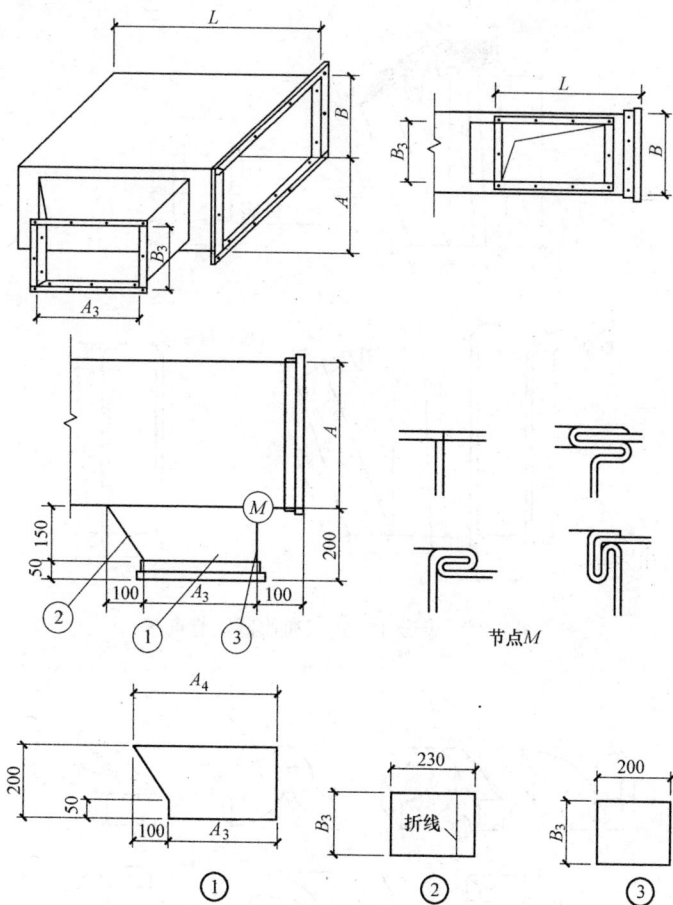

图 2-20 整体式斜三通构造及展开图

（3）弯头组合式三通

弯头组合式三通由弯头组合而成，其组合形式应根据管路不同的分支情况而定，如图 2-22 所示。可根据设计要求，先制成弯头，再连接组合，可以采用角钢法兰框架连接，也可以采用插条连接。采用法兰框连接时，连接部位应预留法兰及翻边留量，采用插条连接时，应预留连接留量，还必须做好插条缝隙的

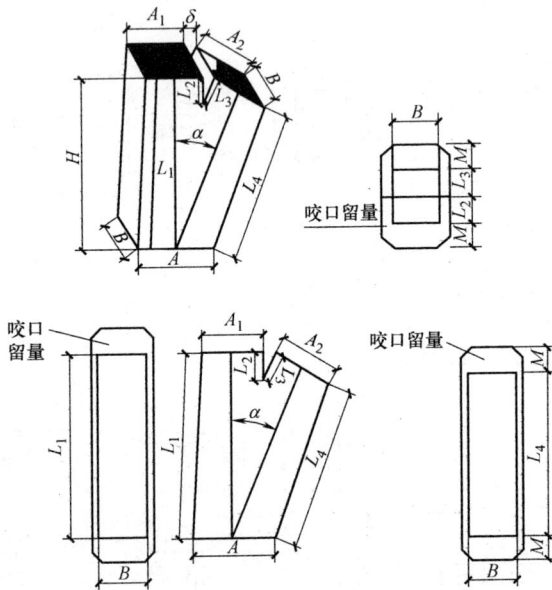

图 2-21　矩形插管式三通构造及节点图

密封。

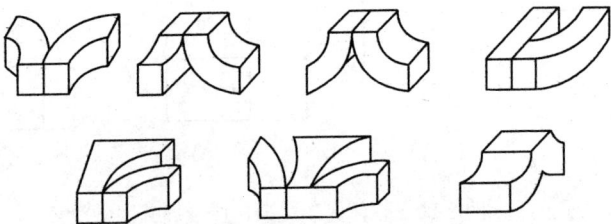

图 2-22　常用的弯头组合三通

2.2.4　变径管制作

变径管是用来连接不同断面的通风管，以及通风管尺寸变更的配件。按形状可分为矩形变径管、圆形变径管和矩形变圆形变

34

径管（天方地圆）。

变径管单面变径的夹角宜小于 30°，双面变径的夹角宜小于 60°，如图 2-23 所示。

1. 金属圆形变径管

圆形变径管用于连接两种不同管径圆形风管，可以分为正心变径管和偏心变径管，正心变径管又分为可以得到顶点的和不易得到顶点的两种。

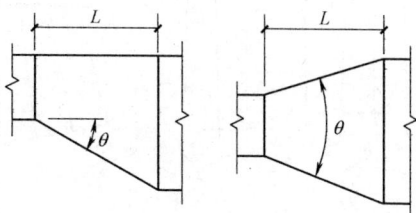

图 2-23　单面变径与双面变径夹角

圆形变径管的展开图绘制后，根据板材厚度可以采用咬口或焊接成型，圆形变径管展开后，应根据连接形式，留出咬口留量、法兰留量及翻边留量。

（1）易得到顶点正心变径管

可以得到顶点正心变径管的展开，可以用放射线法画出，画法如图 2-24 所示。

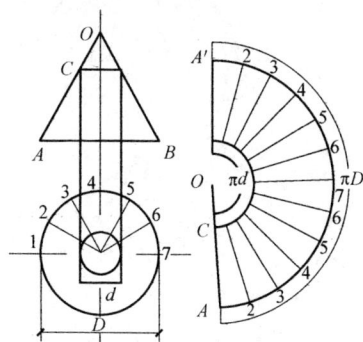

图 2-24　正心变径管的展开

（2）不易得到顶点正心变径管

不易得到顶点正心变径管大小口直径相差比较小，不能用放射线法展开，一般采用近似画法展开，画法如图 2-25 所示。

（3）偏心圆形变径管

偏心圆形变径管的展开可以用三角形法展开，其画法如图 2-26 所示。根据大口直径 D 和小口直径 d 及偏心距和高度 h，先画出主视图和俯视图，然后按三角形法进行展开。

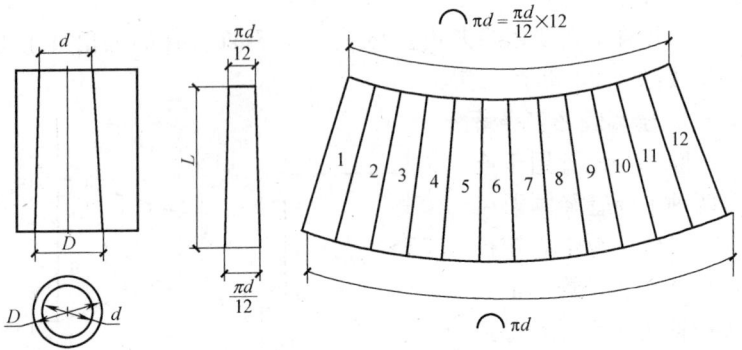

$$\frown \pi d = \frac{\pi d}{12} \times 12$$

图 2-25　不易得到顶点的正心变径管的展开

对于管径较小的圆形变径管采用扁钢法兰时，因扁钢厚度一

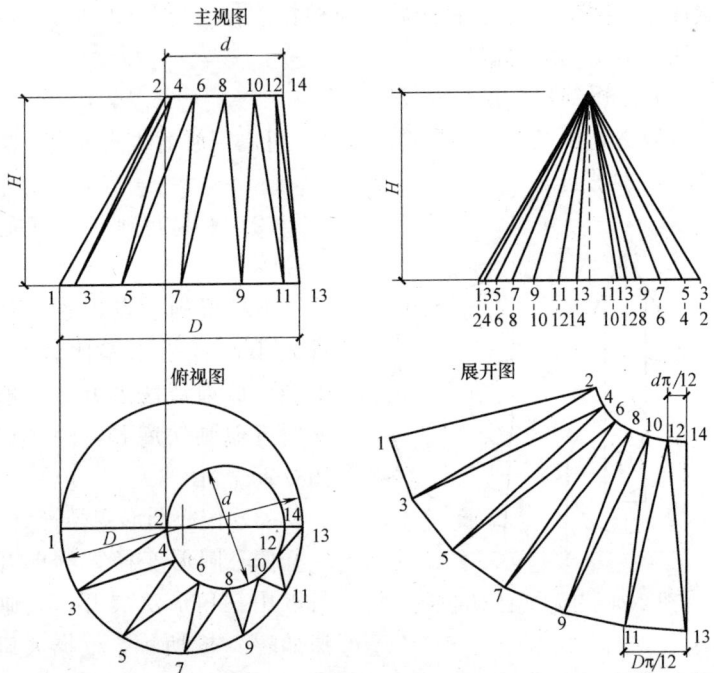

图 2-26　偏心圆形变径管的展开

36

般在 4~5mm，对于组装影响不大，下料时可以将小口稍缩小一些，将大口稍放大一些。法兰套入后，经翻遍敲平，就能得到符合尺寸要求、表面平整的变径管。

2. 金属矩形变径管

矩形变径管用于连接两种不同规格的矩形风管，有正心矩形和偏心矩形变径管两种。金属矩形变径管可以用三角形法进行展开，根据板材厚度可以采用咬口或焊接成型，矩形变径管展开后，应根据连接形式，留出咬口留量、法兰留量及翻边留量。

（1）正心矩形变径管

正心矩形变径管的展开，根据已知大口管边尺寸、小口管边尺寸和变径管高度尺寸，画出主视图和俯视图，求出侧面边线实长，再展开，如果变径管尺寸较小，可以连续展开，边线折方，如图 2-27 所示。

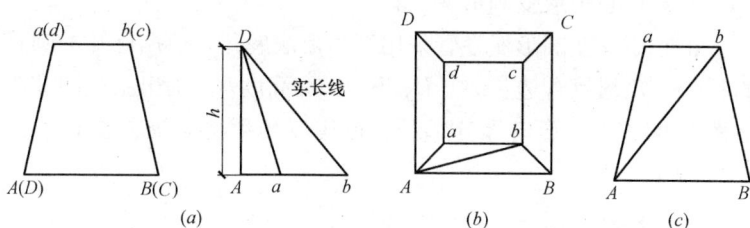

图 2-27　正心矩形变径管的展开

（a）主视图；（b）侧视图；（c）展开图

（2）偏心矩形变径管

偏心矩形变径管的展开方法与正心矩形变径管的展开相同，用三角形法求出实长，再展开，如图 2-28 所示。

金属矩形变径管的形式比较多，有两侧平直的偏心矩形变径管，上下口扭转不同角度偏心且不平行的变径管等，其展开方法与正心矩形变径管相似，用三角形法展开。

3. 金属矩形变圆形变径管（天圆地方）

矩形变圆形变径管用于风管与通风机、空调机、空气加热器

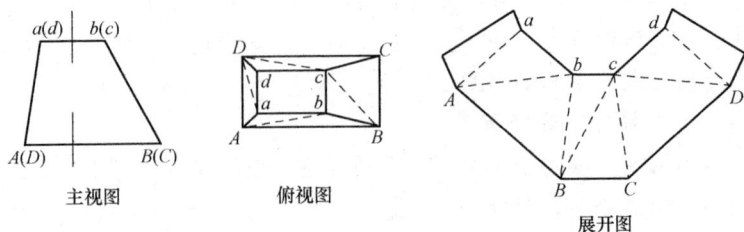

图 2-28 偏心矩形变径管的展开

等设备的连接，以及矩形圆形断面互换部位的连接。分为正心和偏心两种。

矩形变圆形变径管可以用多种方法展开，可以用三角形法，也可以用近似圆锥体法展开。矩形变圆形变径管展开后，应根据连接形式，留出咬口留量、法兰留量及翻边留量。

（1）正心矩形变圆形变径管

正心矩形变圆形变径管采用三角形法展开，根据已知的圆管直径 D，矩形风管边长 $A—B$、$B—C$ 和高度 h，画出主视图和俯视图，并将圆形管口等分编号，再用三角形法划展开图，如图 2-29 所示。

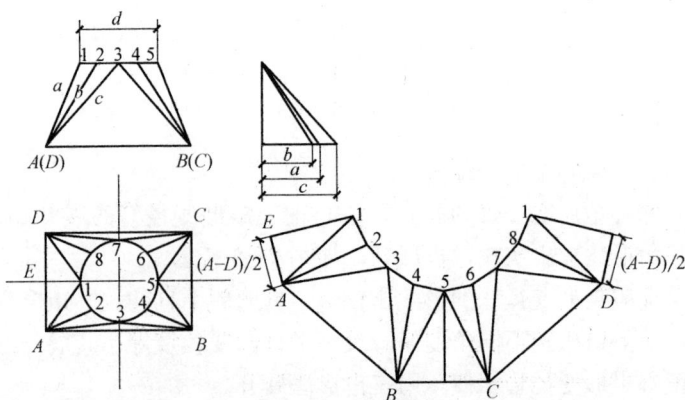

图 2-29 正心矩形变圆形变径管展开

正心矩形变圆形变径管采用近似圆锥体法展开，如图 2-30 所示。此方法比较简便，圆口和方口尺寸正确，但是高度比规定高度稍小，加工制作时可以在加长法兰的短直管上进行修正。

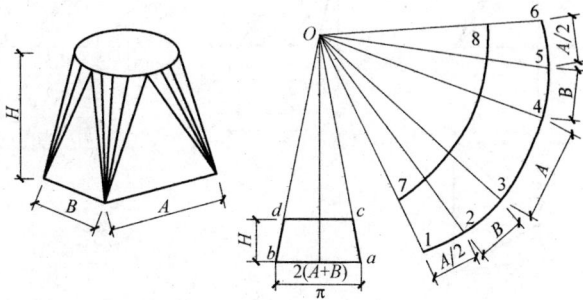

图 2-30　近似圆锥体法正心矩形变圆形变径管展开

（2）偏心矩形变圆形变径管偏心和偏心斜口矩形变圆形变径管可采用三角形法展开，如图 2-31、图 2-32 所示。

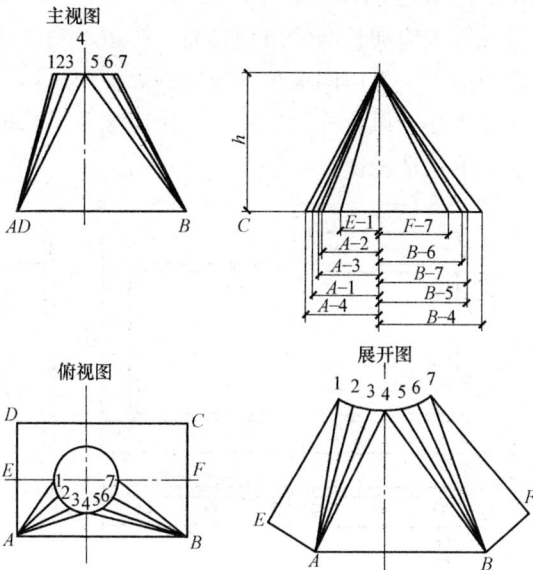

图 2-31　偏心矩形变圆形变径管展开

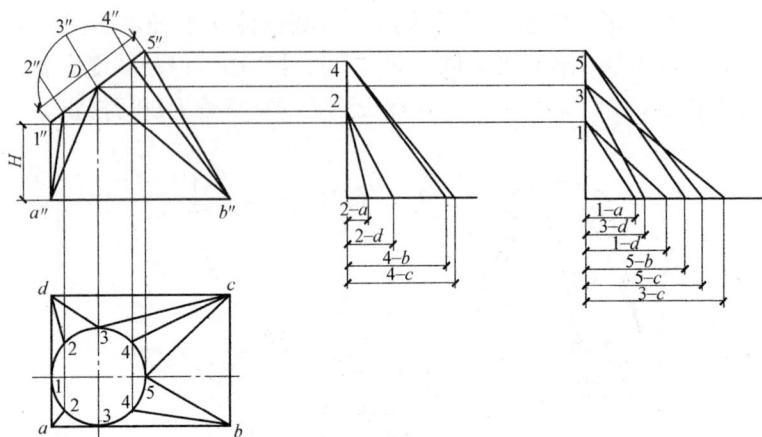

图 2-32　偏心斜口矩形变圆形变径管

2.2.5　法兰制作与装配

1. 矩形风管法兰制作及制孔

宜采用风管长边加长两倍角钢立面、短边不变的形式进行下料制作。金属矩形法兰由四根角钢或扁钢焊接而成，下料时注意法兰内框尺寸不小于风管外边尺寸，应保证法兰尺寸偏差为正偏差。矩形法兰的构造见图 2-33。

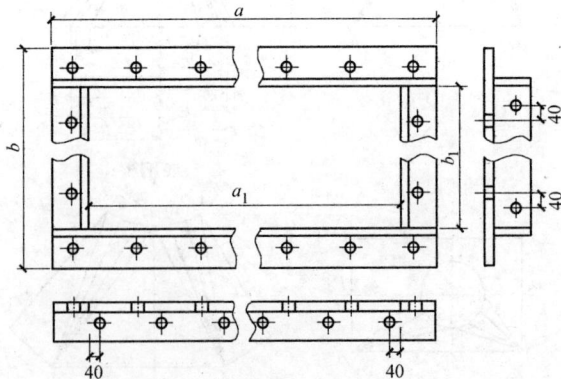

图 2-33　矩形法兰构造图

（1）下料调直后放在冲床上冲出或钻床上钻铆钉孔及螺栓孔。角钢规格，螺栓、铆钉规格及间距应符合表 2-13 的规定。

（2）矩形法兰四角处应设螺栓孔，孔心应位于中心线上。严禁采用气割加工。孔距和孔的定位应均匀准确。为了便于安装时互换使用，同规格法兰盘应先做出标准样板（用铁皮做），以便排孔点冲准确。

同一批量加工的相同规格法兰，其螺栓孔排列方式、间距应统一，且应具有互换性。

（3）冲孔或钻孔后的角钢放在焊接平台上进行焊接，焊接时按各种规格使用模具并卡紧再焊接。法兰四角要焊牢，焊接后应调整找平、清理焊缝、钻孔。角钢法兰的立面与平面应保证互成90°，连接用的螺栓和铆钉宜采用同样规格。

（4）不锈钢矩形法兰制作，可将符合要求的不锈钢厚板材割成长条焊接而成，也可将不锈钢板材切割加工成角型，再焊接而成。铝法兰可用铝角型材或厚铝板制作。

金属矩形风管角钢法兰及螺栓、铆钉规格（mm）　表 2-13

风管长边尺寸 b	角钢规格	螺栓规格（孔）	铆钉规格（孔）	螺栓及铆钉间距	
				低、中压系统	高压系统
b≤630	∟25×3	M6 或 M8	φ4 或 φ4.5		
630<b≤1500	∟30×3	M8 或 M10		≤150	≤100
1500<b≤2500	∟40×4	M8 或 M10	φ5 或 φ5.5		
2500<b≤4000	∟50×5	M8 或 M10			

2. 圆形风管法兰制作及制孔

可选用扁钢或角钢，采用机械卷圆与手工调整的方式制作，其构造如图 2-34 所示。法兰型材与螺栓规格及间距应符合表 2-14的规定。

（1）先将整根角钢或扁钢放在冷煨法兰卷圆机上，按所需法兰直径，调整内径压轮达到规定的法兰内径。并制作法兰内径样

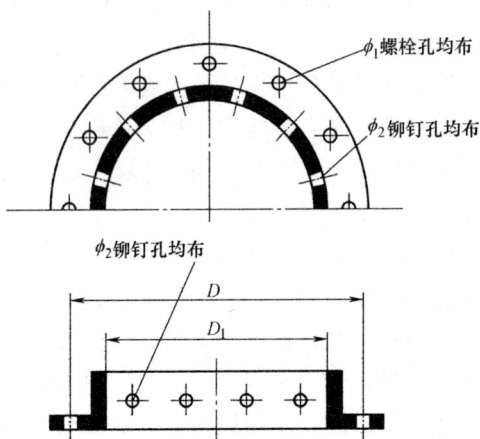

图 2-34 圆形法兰构造图

板一块随时校验，使之卷成螺旋形状后，从法兰煨弯机上取下。

（2）将卷好后的型钢划线、切割开，逐个放在平台上找平、调圆、调正。

金属圆形风管法兰型材与螺栓规格及间距（mm） 表 2-14

风管直径 D	法兰型材规格		螺栓规格（孔）	螺栓间距	
	扁钢	角钢		中、低压系统	高压系统
D≤140	—20×4		M6 或 8	100~150	80~100
140＜D≤280	—25×4	—			
280＜D≤630		∟25×3			
630＜D≤1250		∟30×4	M8 或 10		
1250＜D≤2000		∟40×4			

（3）将调整好的各支法兰进行焊接、冲孔或钻孔。法兰的焊缝应熔合良好、饱满、无夹渣和孔洞。

（4）不锈钢圆形风管法兰应采用机械冷煨，用法兰煨弯机整条卷制再裁成所需规格，然后再进行调圆、找平、找正。

当采用热煨时，应使用电炉加热，加热温度可在 1100～1200℃之间。卡在模具上煨弯时，温度应在 820～1200℃之间。法兰热煨或冷煨焊接成型后应重新加热到 1100～120℃，在冷水中迅速冷却，然后再调整。将调整好的法兰进行冲孔或钻孔。

3. 薄钢板法兰风管制作

（1）薄钢板法兰应采用机械加工；薄钢板法兰应平直，机械应力造成的弯曲度不应大于 5‰。

（2）薄钢板法兰与风管连接时，宜采用冲压连接或铆接。低、中压风管与法兰的铆（压）接点间距宜为 120～150mm；高压风管与法兰的铆（压）接点间距宜为 80～100mm。

（3）薄钢板法兰弹簧夹的材质应与风管板材相同，形状和规格应与薄钢板法兰相匹配，厚度不应小于 1.0mm，长度宜为 120～150mm。

采用钢制板条时板条的宽度与薄钢板法兰的高度相适应，厚度不宜小于 2mm，长度与风管的边长相同，端头设 $\phi9$ 螺孔与法兰孔间距相同。风管安装时板条置于与法兰外侧面紧密贴合，两端与法兰角固定，并沿两端依次向内不大于 300mm 采用 $\phi5$ 旋翼自攻螺栓与法兰固定，如图 2-35 所示。

4. 成型的矩形风管薄钢板法兰

（1）薄钢板法兰风管连接端面接口处应平整，接口四角处应有固定角件，其材质为镀锌钢板，板厚不应小于 1.0mm。固定角件与法兰连接处应采用密封胶进行密封。

（2）薄钢板法兰风管端面形式及适用风管长边尺寸应符合表 2-15 的规定。

（3）薄钢板法兰可采用铆接或本体压接进行固定。中压系统风管铆接或压接间距宜为 120～150mm；高压系统风管铆接或压接间距宜为 80～100mm。低压系统风管长边尺寸大于 1500mm、中压系统风管长边尺寸大于 1350mm 时，可采用顶丝卡连接。顶丝卡宽度宜为 25～30mm，厚度不应小于 3mm，顶丝宜为 M8 镀锌螺钉。

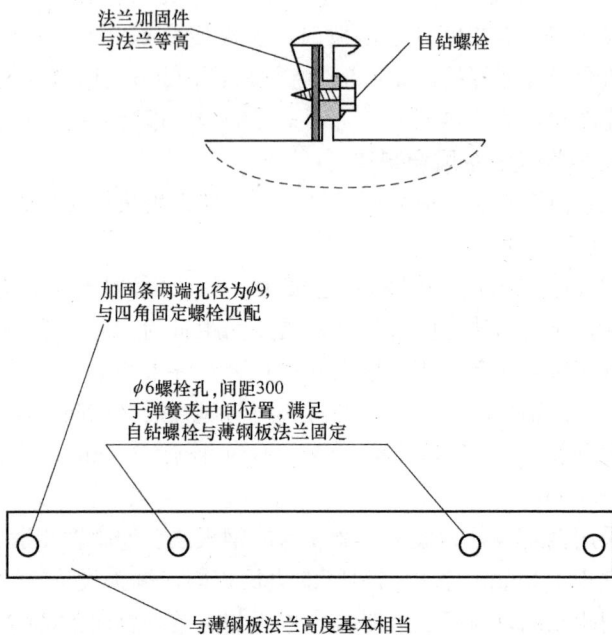

法兰加固件
与法兰等高

自钻螺栓

加固条两端孔径为φ9,
与四角固定螺栓匹配

φ6螺栓孔,间距300
于弹簧夹中间位置,满足
自钻螺栓与薄钢板法兰固定

与薄钢板法兰高度基本相当

图 2-35　薄钢板法兰板条加固示意图

薄钢板法兰风管端面形式及适用风管长边尺寸（mm）

表 2-15

法兰端面形式		适用风管长边尺寸 b	风管法兰高度	角件板厚
普通型		$b \leqslant 2000$（长边尺寸大于 1500 时,法兰处应补强）		
增强型	整体	$b \leqslant 630$ $630 < b \leqslant 2000$ $2000 < b \leqslant 2500$	$25 \sim 40$	$\geqslant 1.0$
	组合式			

5. 风管与法兰组合成型

（1）圆风管与扁钢法兰连接时，应采用直接翻边，预留翻边量不应小于 6mm，且不应影响螺栓紧固。

（2）板厚小于或等于 1.2mm 的风管与角钢法兰连接时，应采用翻边铆接。风管的翻边应紧贴法兰，翻边量均匀、宽度应一致，不应小于 6mm，且不应大于 9mm。铆接应牢固，铆钉间距宜为 100～120mm，且数量不宜少于 4 个。

（3）板厚大于 1.2mm 的风管与角钢法兰连接时，可采用间断焊或连续焊。管壁与法兰内侧应紧贴，风管端面不应凸出法兰接口平面，间断焊的焊缝长度宜为 30～50mm，间距不应大于50mm。点焊时，法兰与管壁外表面贴合；满焊时，法兰应伸出风管管口 4～5mm。为防止变形，可采用图 2-36 的方法。

焊接完成后，应对施焊处进行相应的防腐处理。

（4）不锈钢风管与法兰铆接时，应采用不锈钢铆钉；法兰及连接螺栓为碳素钢时，其表面应采用镀铬或镀锌等防腐措施。

（5）铝板风管与法兰连接时，宜采用铝铆钉；法兰为碳素钢时，其表面应按设计要求作防腐处理。

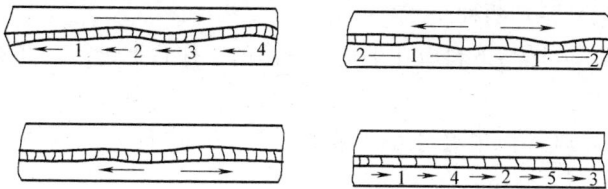

图 2-36　防止焊接变形的焊接方法

图 2-36 中表示常用的几种焊接顺序，大箭头指示总的焊接方向，小箭头表示局部分段的焊接方向，数字表示焊接先后顺序。这样可以使焊件比较均匀地受热和冷却，从而减少变形。

3 聚氨酯铝箔与酚醛铝箔复合风管及配件制作

3.1 风管制作

聚氨酯铝箔与酚醛铝箔复合风管制作机具包括量具、工作台、压尺、切割刀（90°双刃刀、左45°单刃刀、右45°单刃刀和垂直切断刀）、打胶枪、密封枪、橡胶锤、切割机、压弯机、台钻、手电钻、电焊机等。量具包括角尺、钢板尺、钢卷尺、划规等。

3.1.1 板材放样下料

聚氨酯铝箔与酚醛铝箔复合风管板材规格一般为 4000mm×1200mm×20mm（长×宽×厚）及 2000mm×1200mm×20mm（长×宽×厚）两种。

（1）放样与下料应在平整、洁净的工作台上进行，并不应破坏覆面层。

（2）风管长边尺寸小于或等于 1160mm 时，风管宜按板材长度做成每节 4m。

（3）矩形风管的板材放样下料时，根据设计尺寸计算出风管的周长，在计算下料长度时应考虑复合板材的厚度，具体下料时根据设计尺寸展开宜采用一片法、U 形法、L 形法、四片法，如图 3-1 所示。

尽可能合理利用板材，防止不必要的浪费，并保证在顺风管长度方向无拼缝出现。风管的周长公式计算如下：

$$L=(a+b)\times2+\delta\times8 \tag{3-1}$$

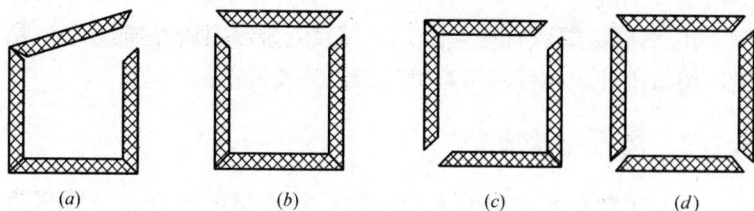

图 3-1　矩形风管 45°角组合方式示意

(a) 一片法；(b) U 形法；(c) L 形法；(d) 四片法

式中　L——矩形风管边长（mm）；

　　　a——风管长边尺寸（mm）；

　　　b——风管短边尺寸（mm）；

　　　δ——板材的厚度（mm）。

（4）板材切割应平直，板材切断成单块风管板后，进行编号。

（5）风管长边尺寸小于或等于 1600mm 时，风管板材拼接可切 45°角直接粘接，粘接后在接缝处两侧粘贴铝箔胶带；风管长边尺寸大于 1600mm 时，板材需采用 H 形 PVC 或铝合金加固条拼接，如图 3-2 所示。

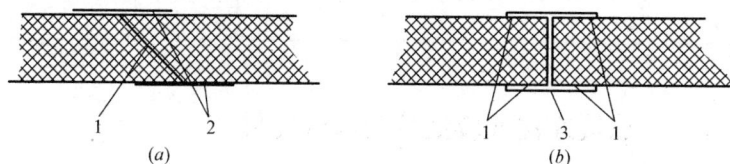

图 3-2　风管板材拼接方式示意

(a) 切 45°角粘接；(b) 中间加 H 形加固条拼接

1—胶粘剂；2—铝箔胶带；3—H 形 PVC 或铝合金加固条

45°角度切割时，要求刀片的安装向左或向右倾斜 45°，以便切出的"V"形槽口成 90°直角。刀片留出的长度一定要经过调试，保持合适，使其既能将板材保温部分切穿，又能保证外层的铝箔不被割破。

45°粘接是指风管两端加工成 45°切口，用胶粘剂将切口粘接，切口内外表面分别用密封胶和铝箔胶带密封。

3.1.2 风管粘接成型

（1）风管粘合成型前需预组合，检查接缝准确、角线平直后，再涂胶粘剂。

（2）粘接时，切口处应均匀涂满胶粘剂，接缝应平整，不应有歪扭、错位、局部开裂等缺陷。管段成型后，风管内角缝应采用密封材料封堵；外角缝铝箔断开处应采用铝箔胶带封贴，封贴宽度每边不应小于 20mm。

（3）粘接成型后的风管端面应平整，平面度和对角线偏差应符合表 3-1 的规定。风管垂直摆放至定型后再移动。

非金属与复合风管及法兰制作的允许偏差（mm） 表 3-1

风管长边尺寸 b 或直径 D	允许偏差（mm）				
	边长或直径偏差	矩形风管表面平面度	端口对角线之差	法兰或端口端面平面度	圆形法兰任意正交两直径
$b(D) \leqslant 320$	±2	3	3	2	3
$320 < b(D) \leqslant 2000$	±3	5	4	4	5

3.1.3 插接连接件或法兰与风管连接

（1）插接连接件或法兰应根据风管采用的连接方式，按表 3-2 中关于附件材料的规定选用。

其中插接连接是指用槽形铝型材或 PVC 型材的连接件与风管端部粘接，再用插条（"L"、"H"、"C"插条）将型材插接。

外套角钢法兰连接是指用槽形铝型材与风管端部粘接，再用铆钉将风管与角钢法兰铆接，角钢法兰用于风管连接。

非金属与复合风管连接形式		附件材料	适用范围
45°粘接	 45°	铝箔胶带	酚醛铝箔复合风管、聚氨酯铝箔复合风管,b≤500mm
承插阶梯粘接		铝箔胶带	玻璃纤维复合风管
对口粘接		—	玻镁复合风管 b≤2000mm
槽形插接连接		PVC 连接件	低压风管 b≤2000mm;中、高压风管 b≤1500mm
工形插接连接		PVC 连接件	低压风管 b≤2000mm;中、高压风管 b≤1500mm
		铝合金连接件	b≤3000mm
外套角钢法兰		∟ 25×3	b≤1000mm
		∟ 30×3	b≤1600mm
		∟ 40×4	b≤2000mm
C 形插接法兰	 高度(25~30)mm	PVC 连接件 铝合金连接件	b≤1600mm
		镀锌板连接件,板厚≥1.2mm	
"h"连接法兰		铝合金连接件	用于风管与阀部件及设备连接

注: 1. b 为矩形风管长边尺寸,δ 为风管板材厚度。

　　2. PVC 连接件厚度大于或等于 1.5mm。

　　3. 铝合金连接件厚度大于或等于 1.2mm。

（2）插接连接件的长度不应影响其正常安装，并应保证其在风管两个垂直方向安装时接触紧密。

（3）边长大于 320mm 的矩形风管安装插接连接件时，应在风管四角粘贴厚度不小于 0.75mm 的镀锌直角垫片，直角垫片宽度应与风管板材厚度相等，边长不应小于 55mm。插接连接件与风管粘接应牢固。

（4）低压系统风管边长大于 2000mm、中压或高压系统风管边长大于 1500mm 时，风管法兰应采用铝合金等金属材料。

3.1.4　风管加固

（1）风管宜采用直径不小于 8mm 的镀锌螺杆做内支撑加固，内支撑件穿管壁处应密封处理。内支撑的横向加固点数和纵向加固间距应符合表 3-3 的规定，内支撑加固方法如图 3-3 所示。

聚氨酯铝箔复合风管与酚醛铝箔复合风管内支撑
横向加固点数及纵向加固间距　　　　　　表 3-3

风管内边长 b	系统设计工作压力（Pa）						
	≤300	301～500	501～750	751～1000	1001～1250	1251～1500	1501～2000
	横向加固点数						
410＜b≤600	—	—	—	1	1	1	1
600＜b≤800	—	1	1	1	1	1	2
800＜b≤1000	1	1	1	1	1	2	2
1000＜b≤1200	1	1	1	1	1	2	2
1200＜b≤1500	1	1	1	2	2	2	2
1500＜b≤1700	2	2	2	2	2	2	2
1700＜b≤2000	2	2	2	2	2	2	3
	纵向加固间距（mm）						
聚氧酯铝箔复合风管	≤1000 ≤800		≤600				≤400
酚醛铝箔复合风管	≤800						—

50

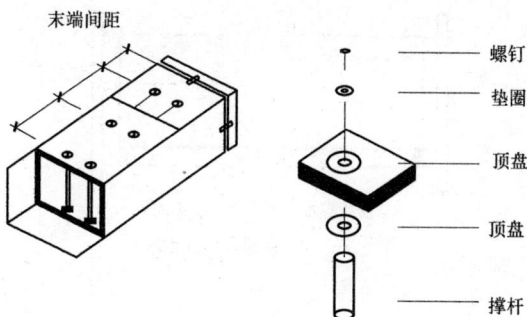

图 3-3　内支撑加固示意图

（2）风管采用外套角钢法兰或 C 形插接法兰连接时，法兰处可作为一加固点，常规做法如图 3-4 所示。风管采用其他连接形式，其边长大于 1200mm 时，应在连接后的风管一侧距连接件 250mm 内设横向加固。

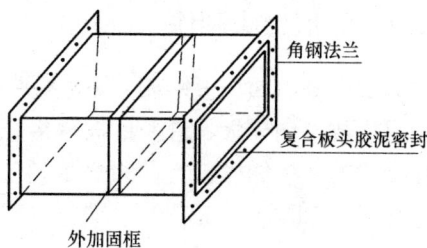

图 3-4　风管外壁加固

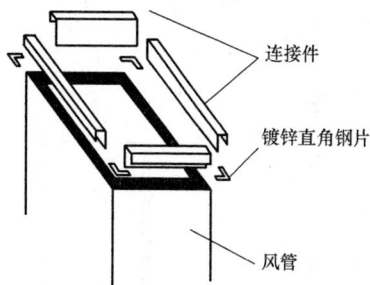

图 3-5　角加固示意图

（3）角加固，即在矩形风管四角粘贴厚度大于 0.75mm 的镀锌直角钢片，直角钢片的宽度与风管板材厚度相等，边长不小于 55mm，如图 3-5 所示。

为了增强风管与支吊架处的受力和安装强度，应在风管下边两阳角用角钢通长加固，如图 3-6 所示。

51

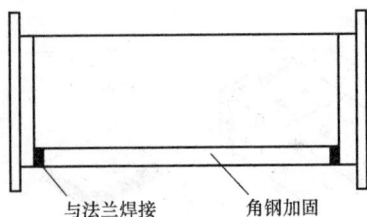

图 3-6　风管外阳角加固

3.2　配件制作

3.2.1　矩形弯头制作

　　矩形弯头由四块板组成。矩形弯头宜采用内外同心弧形。先在板材上放出侧样板，弯头的曲率半径不应小于一个平面边长，圆弧应均匀。按侧样板弯曲边测量长度，放内外弧板长方形样。展开如图 3-7 所示。

　　弯头的圆弧面宜采用机械压弯成型制作，其内弧半径小于 150mm 时，轧压间距宜为 20～35mm；内弧半径为 150～300mm 时，轧压间距宜为 35～50mm；内弧半径大于 300mm 时，轧压间距宜为 50～70mm。轧压深度不宜超过 5mm。

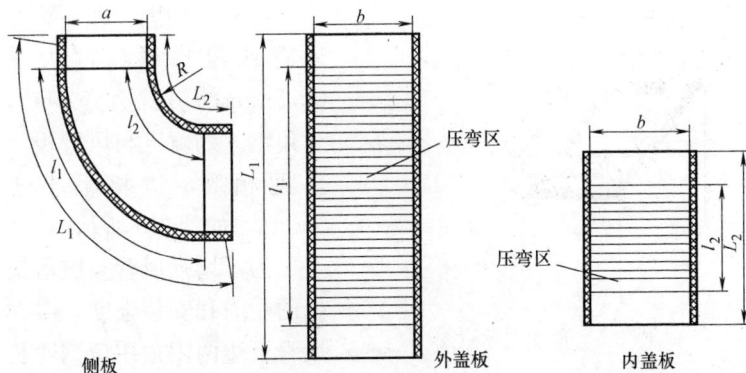

图 3-7　矩形弯头展开

3.2.2 导流叶片设置

矩形弯头导流叶片宜采用同材质的风管板材或镀锌钢板制作，并应安装牢固。

弯头导流片设置规定与金属弯头相同，导流片可采用PVC定型产品，也可由镀锌板弯压成圆弧，两端头翻边，铆到两块平行连接板上组成导流板组。在已下好料的弯头平面上画出安装位置线，在组合弯头时将导流板组用粘结剂粘上。导流板组的高度宜大于弯头管口2mm，以使其连接更紧密。

3.2.3 三通制作

1. 三通接口连接

三通制作宜采用直接在主风管上开口的方式，矩形风管边长小于或等于500mm的支风管与主风管连接时，在主风管上应采用接口处内切45°粘接，如图3-8（a）。内角缝应采用密封材料封堵；外角缝铝箔断开处应采用铝箔胶带封贴，封贴宽度每边不应小于20mm。

主风管上接口处采用90°专用连接件连接如图3-8（b），连接件的四角处应涂密封胶。

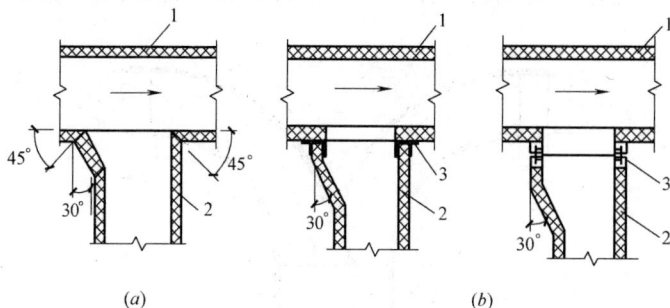

图3-8 三通的制作示意

（a）接口内切45°粘接；（b）90°专用连接件连接

1—主风管；2—支风管；3—90°专用连接件

2. 矩形三通

（1）聚氨酯铝箔与酚醛铝箔复合矩形 T 形管

如图 3-9 所示，T 形矩形管由四块板组成。展开时应先按设计尺寸，放样切割出侧板，然后量出侧板边长，侧板边长为盖板长边，划出切断线、45°斜坡线、压弯线和 V 形槽线，用专用切割刀切断，坡口，压弯线采用机械压弯，要求与矩形弯管相同。粘结、质量规定与风管相同。

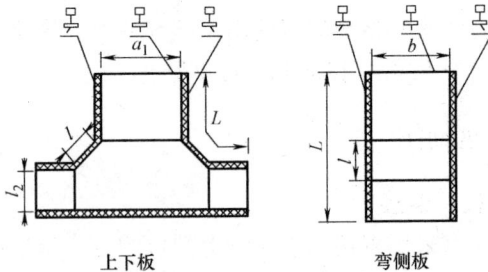

上下板　　　　　　弯侧板

图 3-9　聚氨酯或酚醛矩形 T 形风管展开

（2）聚氨酯铝箔与酚醛铝箔复合矩形分叉管

矩形分叉管种类很多，现按 r 形分叉管说明放样方法，如图 3-10 所示。首先对风管上、下盖板放样，测量内、外弧线长度，作为内、外侧板长边，对侧板展开放样，划出切断线、45°斜坡线压弯线和 V 形槽线，用专用切割刀切断、坡口、压弯线采用

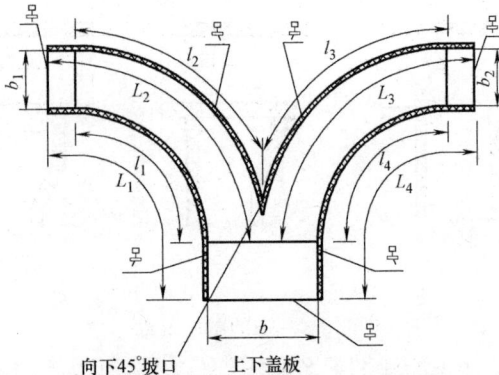

向下45°坡口　　上下盖板

图 3-10　聚氨酯或酚醛矩形分叉管展开

54

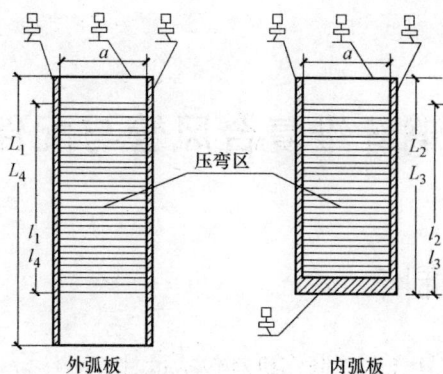

图 3-10　聚氨酯或酚醛矩形分叉管展开（续）

机械压弯，要求与矩形弯管相同。

3.2.4　矩形变径管

制作矩形变径管时，先在板材上放出侧样板，再测量侧样板变径边长度，按测量长度对上下板放样。

聚氨酯铝箱与酚醛铝箔复合板矩形变径管由四块板组成，展开时应首先按设计尺寸，放样切割出侧板，然后量出侧板边长，侧板边长为盖板长边，划出切断线、45°斜坡线、压弯线和 V 形槽线，如图 3-11 所示。一般采用专用切割刀切断、坡口，压弯线采用机械压弯，轧压深度不宜超过 5mm。

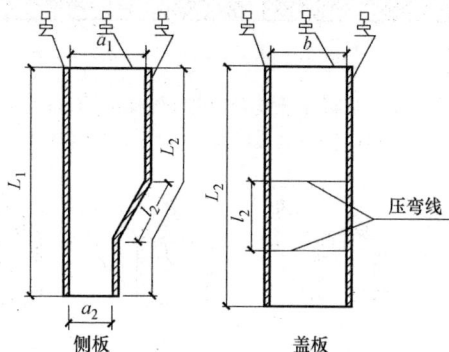

图 3-11　矩形变径管放样图

4 玻璃纤维复合风管与配件制作

4.1 风管制作

玻璃纤维复合风管制作机具包括量具、工作台、压尺、双刃刀、单刃刀、壁纸刀、扳手、打胶枪、切割机、台钻、手电钻等。

4.1.1 板材放样下料

（1）放样与下料应在平整、洁净的工作台上进行。

（2）风管板材的槽口形式可采用45°角形或90°梯形，如图4-1所示，其封口处宜留有不小于板材厚度的外覆面层搭接边量。展开长度超过3m的风管宜用两片法或四片法制作。成型方法有一片法、二片法和四片法，如图4-2、图4-3所示。

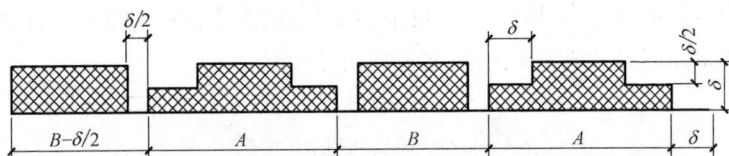

图4-1 玻璃纤维复合风管90°梯形槽口示意

δ—风管板厚；A—风管长边尺寸；B—风管短边尺寸

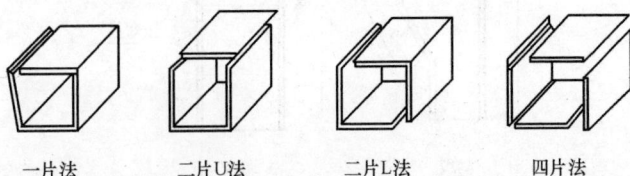

一片法　　二片U法　　二片L法　　四片法

图4-2 玻璃纤维铝箔复合风管拼合

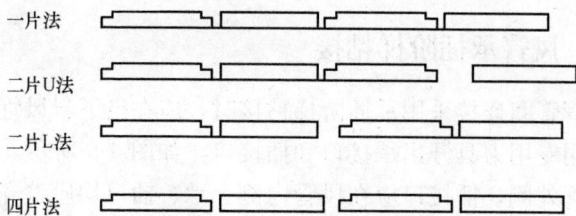

図 4-3 拼合方法开槽位置

（3）板材切割应选用专用刀具，切口平直、角度准确、无毛刺，且不应破坏覆面层。

（4）制作风管的板材实际展开长度应包括风管内尺寸和为开槽准备的余量及纵向搭边宽度。

4.1.2 板材阶梯拼接

风管板材拼接时，应在结合口处涂满胶粘剂，并应紧密粘合。外表面拼缝处宜预留宽度不小于板材厚度的覆面层，涂胶密封后，再用大于或等于 50mm 宽热敏或压敏铝箔胶带粘贴密封，如图 4-4 （a）所示；当外表面无预留搭接覆面层时，应采用两层铝箔胶带重叠封闭，接缝处两侧外层胶带粘贴宽度不应小于 25mm，如图 4-4 （b）所示，内表面拼缝处应采用密封胶抹缝或用大于或等于 30mm 宽玻璃纤维布粘贴密封。

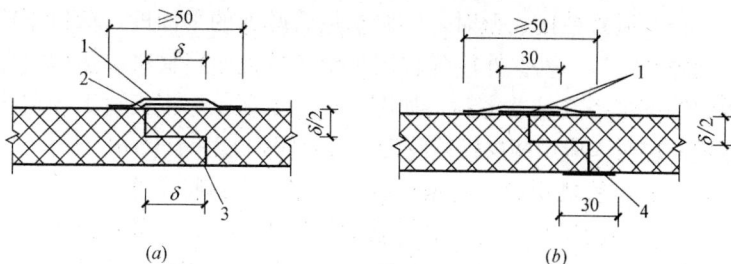

（a）　　　　　　　　　　　　（b）

图 4-4　玻璃纤维复合板阶梯拼接示意

（a）外表面预留搭接覆面层；（b）外表面无预留搭接覆面层

1—热敏或压敏铝箔胶带；2—预留覆面层；3—密封胶抹缝；4—玻璃纤维布；

δ—风管板厚

4.1.3　风管承插阶梯粘接

　　风管管间连接采用承插阶梯粘接时，应在已下料风管板材的两端，用专用刀具开出承接口和插接口，如图 4-5 所示。承接口应在风管外侧，插接口应在风管内侧。承、插口均应整齐，长度为风管板材厚度；插接口应预留宽度为板材厚度的覆面层材料。

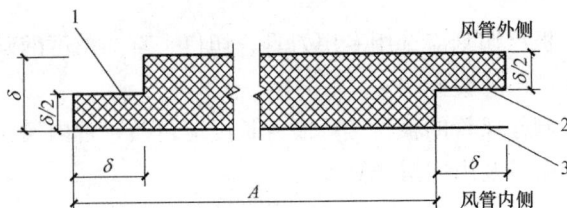

图 4-5　风管承插阶梯粘接示意

1—插接口；2—承接口；3—预留搭接覆面层；
A—风管有效长度；δ—风管板厚

4.1.4　风管粘接成型

　　（1）风管粘接成型应在洁净、平整的工作台上进行。

　　（2）风管粘接前，应清除管板表面的切割纤维、油渍、水渍，在槽口的切割面处均匀满涂胶粘剂。

　　（3）风管粘接成型时，应调整风管端面的平面度，槽口不应有间隙和错口。风管外接缝宜用预留搭接覆面层材料和热敏或压敏铝箔胶带搭叠粘贴密封，如图 4-6（a）所示。当板材无预留搭接覆面层时，应用两层铝箔胶带重叠封闭，如图 4-6（b）所示。

　　（4）风管成型后，内角接缝处应采用密封胶勾缝。

　　（5）内面层采用丙烯酸树脂的风管成型后，在外接缝处宜采用扒钉加固，其间距不宜大于 50mm，并应采用宽度大于 50mm 的热敏胶带粘贴密封。

　　（6）风管加固内支撑件和管外壁加固件应采用镀锌螺栓连接，螺栓穿过管壁处应进行密封处理。

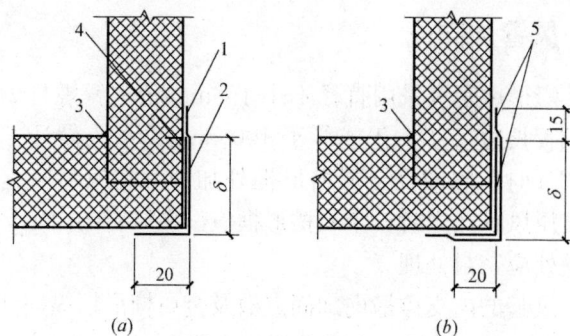

图 4-6 风管直角组合示意

(a) 外表面预留搭接覆面层；(b) 外表面无预留搭接覆面层

1—热敏或压敏铝箔胶带；2—预留覆面层；3—密封胶勾缝；

4—扒钉；5—两层热敏或压敏铝箔胶带；

δ—风管板厚

（7）风管成型后，管端为阴、阳榫的管段应水平放置，管端为法兰的管段可以立放。风管应待胶液干燥固化后方可挪动、叠放或安装。风管应存放在防潮、防雨和防风沙的场地。

4.1.5 法兰或插接连接件与风管连接

采用外套角钢法兰连接时，角钢法兰规格可比同尺寸金属风管法兰小一号，槽形连接件宜采用厚度为 1.0mm 的镀锌钢板制作。角钢外法兰与槽形连接件应采用规格为 M6 镀锌螺栓连接，如图 4-7 所示，螺孔间距不应大于 120mm。连接时，法兰与板材间及螺栓孔的周边应涂胶密封。

采用槽形、工形插接连接及 C 形插接法兰时，插接槽口应涂满胶粘剂，风管端部应插入到位。

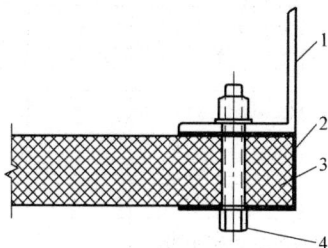

图 4-7 玻璃纤维复合风管
角钢法兰连接示意

1—角钢外法兰；2—槽形连接件；
3—风管；4—M6 镀锌螺栓

59

4.1.6 风管加固

(1) 矩形风管宜采用直径不小于 6mm 的镀锌螺杆做内支撑加固。风管长边尺寸大于或等于 1000mm 或系统设计工作压力大于 500Pa 时，应增设金属槽形框外加固，并应与内支撑固定牢固。负压风管加固时，金属槽形框应设在风管的内侧。内支撑件穿管壁处应密封处理。

(2) 风管的内支撑横向加固点数及金属槽形框纵向间距应符合表 4-1 的规定，金属槽形框的规格应符合表 4-2 规定。

玻璃纤维复合风管内支撑横向加固点数及金属槽形框纵向间距

表 4-1

风管内边长 b	系统设计工作压力(Pa)				
	≤100	101～250	251～500	501～750	751～1000
	内支撑横向加固点数				
300＜b≤400	—	—	—	—	1
400＜b≤500	—	—	1	1	1
500＜b≤600	—	1	1	1	1
600＜b≤800	1	1	1	2	2
800＜b≤1000	1	1	2	2	3
1000＜b≤1200	1	2	2	3	3
1200＜b≤1400	2	2	3	3	4
1400＜b≤1600	2	3	3	4	5
1600＜b≤1800	2	3	4	4	5
1800＜b≤2000	3	3	4	5	6
金属槽形框纵向间距	≤600				≤350

玻璃纤维复合风管金属槽型框规格 （mm）　　表 4-2

风管内边长 b	槽型钢(宽度×高度×厚度)
6≤1200	40×10×1.0
1200＜b≤2000	40×10×1.2

（3）风管采用外套角钢法兰或 C 形插接法兰连接时，由于法兰具有较高的抗弯曲强度，其连接部位相当于风管的一个外加固框，法兰处可作为一加固点。

风管采用其他连接方式，其边长大于 1200mm 时，连接强度要小于外加固框强度，应在连接后的风管一侧距连接件 150mm 内设横向加固。

采用承插阶梯粘接的风管，由于阶梯粘接部位是风管壁抗弯曲最薄弱点，应在距粘接口 100mm 内设横向加固。

4.2 配件制作

4.2.1 弯头制作

参见 2.2.1 中相关内容。

4.2.2 导流片设置

矩形弯头导流叶片可采用 PVC 定型产品或采用镀锌钢板弯压制成，其设置要求参见上述 2.3.2 中相关内容，并应安装牢固。

4.2.3 矩形三通

玻璃纤维复合矩形三通展开方法参见上述 3.2.3 中相关内容。

4.2.4 矩形变径管

参见上述 3.2 中相关内容。

5 玻镁复合风管与配件制作

不同类型玻镁复合风管板材的适用场合：

普通型：用于制作安装在同一防火分区内，没有保温要求的矩形通风管道。

节能型：用于制作安装在同一防火分区内，需达到节能保温要求的空调系统的矩形风管。

低温节能型：用于制作安装在同一防火分区内，需达到节能保温要求的低温送风空调系统的矩形风管。

洁净型：用于制作洁净空调系统风管。

排烟型：用于制作室内消防防排烟风管。

防火型：用于制作火灾时需持续送、排风 1.5h 的风管；耐火型：用于制作火灾时需持续送、排风 2.0h 的风管。

5.1 风管制作

玻镁复合风管制作机具包括量具、工作台、压尺、工具刀、丝织带、切割机、台钻、手电钻、角磨机等。

5.1.1 板材放样下料

（1）矩形风管板材切割采用平台式切割机，变径、三通、弯头等异径风管板材切割采用手提式切割机。

（2）异径风管板切割时，先在风管板上划出切割线，然后用手提式切割机切割。小于或等于 90°角的转角板，划线时要计算转角大小，确定角度后切割。

（3）板材切割线应平直，切割面和板面应垂直。切割后的风管板对角线长度之差的允许偏差为 5mm。

（4）直风管可由四块板粘接而成，如图 5-1 所示。切割风管侧板时，应同时切割出组合用的阶梯线，切割深度不应触及板材外覆面层，切割出阶梯线后，刮去阶梯线外夹芯层，如图 5-2 所示。

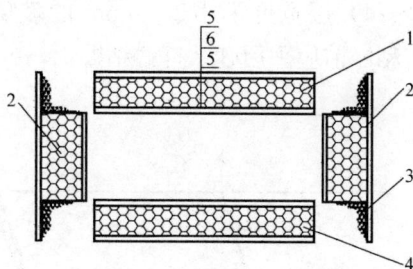

图 5-1　玻镁复合矩形风管组合示意

1—风管顶板；2—风管侧板；3—涂专用胶粘剂处；

4—风管底板；5—覆面层；6—夹芯层

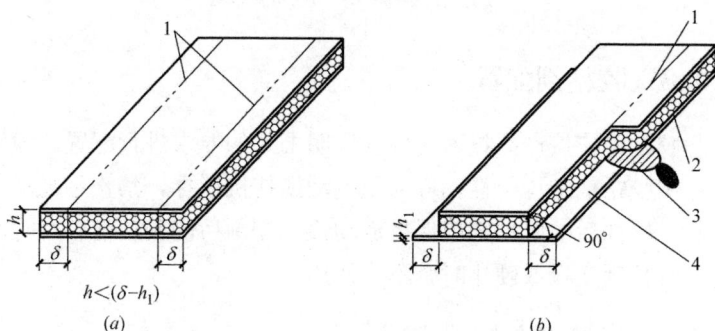

图 5-2　风管侧板阶梯线切割示意

（a）板材阶梯线切割示意；（b）用刮刀切至尺寸示意

1—阶梯线；2—待去除夹芯层；3—刮刀；4—风管板外覆面层；

δ—风管板厚；h—切割深度；h_1—覆面层厚度

5.1.2　复合板拼接

玻镁复合板的标准尺寸为 2260mm×1300mm，故边长尺寸

63

大于 2260mm 的风管，须经复合板拼接后制作。拼接前应用砂纸打磨粘贴面并清除粉尘，如果风管板表面贴有铝箔，应将粘贴面的铝箔撕掉或打磨干净，以保证粘贴牢固。

边长大于 2260mm 的风管板对接粘接后，在对接缝的两面应分别粘贴（3～4）层宽度不小于 50mm 的玻璃纤维布增强，如图 5-3 所示。粘贴前应采用砂纸打磨粘贴面，并清除粉尘，粘贴牢固。

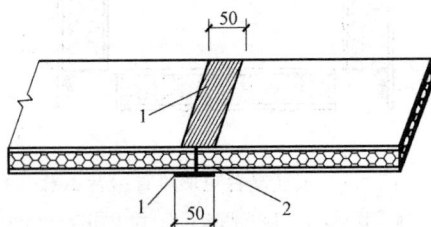

图 5-3　复合板拼接方法示意
1—玻璃纤维布；2—风管板对接处

5.1.3　胶粘剂配置

胶粘剂应按产品技术文件（说明书）的要求进行配置。为保证专用胶粘剂的均匀性，应采用电动搅拌机搅拌，禁止手工搅拌配制。搅拌后的胶粘剂应保持流动性。配制后的胶粘剂应及时使用，胶粘剂变稠或硬化时，不应使用。

5.1.4　风管组合粘接成型

（1）风管端口应制作成错位接口形式。

（2）板材粘接前，应清除粘接口处的油渍、水渍、灰尘及杂物等。胶粘剂应涂刷均匀、饱满。

（3）组装风管时，先将风管底板放于组装垫块上，然后在风管左右侧板阶梯处涂专用胶粘剂，专用胶粘剂要均匀，用量应合理控制；插在底板边沿，对口纵向粘接应与底板错位 100mm，最后将顶板盖上，同样应与左右侧板错位 100mm，形成风管端门错位接口形式，如图 5-4、图 5-5 所示。

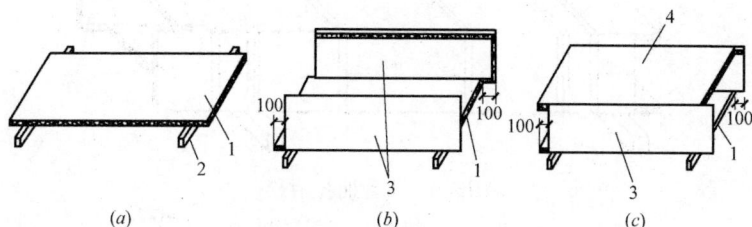

图 5-4 风管组装示意

(*a*) 风管底板放于组装垫块上；(*b*) 装风管侧板；(*c*) 上顶板

1—底板；2—垫块；3—侧板；4—顶板

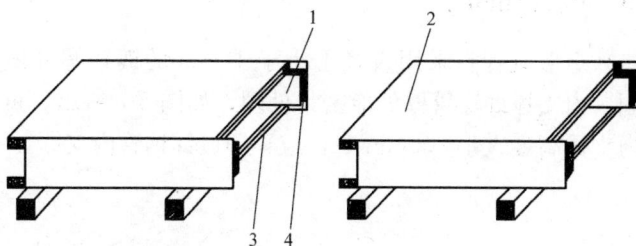

图 5-5 风管错位对口粘接示意

1—垂直板；2—水平板；3—涂胶；4—预留表面层

（4）风管组装完成后，应在组合好的风管两端扣上角钢制成的"冂"形箍，"冂"形箍的内边尺寸应比风管长边尺寸大 3～5mm，高度应与风管短边尺寸相同。然后用捆扎带对风管进行捆扎，捆扎间距不应大于 700mm，捆扎带离风管两端短板的距离应小于 50mm，如图 5-6 所示。

（5）风管捆扎后，块板材粘接处挤出来的余胶应立即用干净的抹布擦掉，尤其应注意及时清理内壁的余胶，并填充空隙。

风管四角应平直，其端口对角线之差应符合表 3-1 的规定。

（6）粘接后的风管应根据环境温度，按照规定的时间确保胶粘剂固化。在此时间内，不应搬移风管。胶粘剂固化后，应拆除

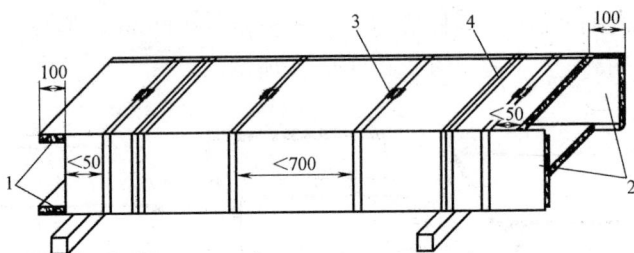

图 5-6 风管捆扎示意

1—风管上下板；2—风管侧板；3—扎带紧固；4—"▢"形箍

捆扎带及"▢"形箍，并再次修整粘接缝余胶，填充空隙，在平整的场地放置。

5.1.5 风管加固

（1）矩形风管宜采用直径不小于 10mm 的镀锌螺杆做内支撑加固，内支撑件穿管壁处应密封处理，如图 5-7 所示。负压风管的内支撑高度大于 800mm 时，应采用镀锌钢管内支撑。

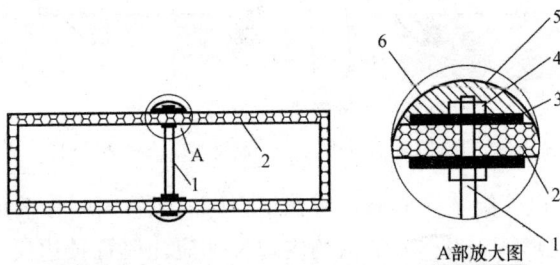

图 5-7 正压保温风管内支撑加固示意

1—镀锌螺杆；2—风管；3—镀锌加固垫圈；4—紧固螺母；
5—保温罩；6—填塞保温材料

（2）风管内支撑横向加固数量应符合表 5-1 的规定，风管加固的纵向间距应小于或等于 1300mm。

（3）距风机 5m 内的风管，应按表 5-1 的规定再增加 500Pa 风压计算内支撑数量。

风管内支撑横向加固数量　　　　　表 5-1

风管长边尺寸 b(mm)	系统设计工作压力(Pa)											
	低压系统 P≤500				中压系统 500<P≤1500				高压系统 1500<P≤3000			
	复合板厚度(mm)				复合板厚度(mm)				复合板厚度(mm)			
	18	25	31	43	18	25	31	43	18	25	31	43
1250≤b<1600	1	—	—	—	1	—	—	—	1	1	—	—
1600≤b<2300	1	1	1	1	2	1	1	1	2	2	1	1
2300≤b<3000	2	2	1	1	2	2	2	2	3	2	2	2
3000≤b<3800	3	2	2	2	3	3	3	3	4	3	3	3
3800≤b<4000	4	4	3	3	3	3	3	3	5	4	4	4

5.2　配件制作

5.2.1　弯头制作

　　异径风管放样下料时，一般采用由若干块小板拼成折线的方法制成内外同心弧形弯头，与直风管连接口制成错位连接形式，如图 5-8 所示。

　　两端的两块板称端节，中间小板称中节，常用的弯头有 90°、60°、45°、30°四种，其曲率半径一般为 $R=(1\sim1.5)b$（曲率半径是从风管中心计算）。

　　矩形弯头曲率半径

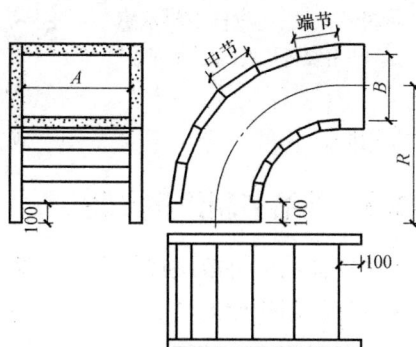

图 5-8　90°弯头放样下料示意

（以中心线计）和最少分节数应符合表 5-2 的规定。

弯头曲率半径和最少分节数　　表 5-2

弯头边长 b	曲率半径 R	弯头角度和最少分节数							
		90°		60°		45°		30°	
		中节	端节	中节	端节	中节	端节	中节	端节
$b\leqslant 600$	$\geqslant 1.5b$	2	2	1	2	1	2	—	2
$600<b\leqslant 1200$	$(1.0\sim 1.5)b$	2	2	2	2	1	2	—	2
$1200<b\leqslant 2000$	$(1.0\sim 1.5)b$	3	2	2	2	1	2	1	2

5.2.2　导流叶片设置

矩形弯头导流叶片宜采用镀锌钢板弯压制成，其设置要求参见上述 2.3.2 中相关内容，并应安装牢固。

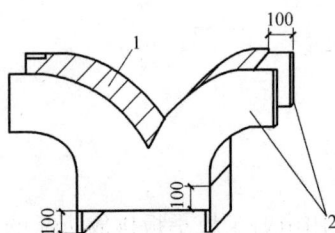

图 5-9　三通放样下料示意
1—外弧拼接板；2—平面板

5.2.3　三通制作

三通制作下料时，应先划出两平面板尺寸线，然后再切割下料，如图 5-9 所示，内外弧小板片数应符合表 5-2 的规定。

5.2.4　变径管制作

变径管与直风管的制作方法应相同，长度不应小于大头长边减去小头长边之差。

5.2.5　伸缩节制作和安装

设置伸缩节可解决风管湿胀干缩产生的问题，应采用同样厚度的风管板制作伸缩节。

水平安装风管长度每隔 30m 时，应设置 1 个伸缩节或软接头，伸缩节长宜为 400mm，内边尺寸应比风管的外边尺寸大 3～5mm，伸缩节与风管中间应填塞 3～5mm 厚的软质绝热材料，且密封边长尺寸大于 1600mm 的伸缩节中间应增加内支撑加固，内支撑加固间距按 1000mm 布置，允许偏差±20mm，如图 5-10 所示。

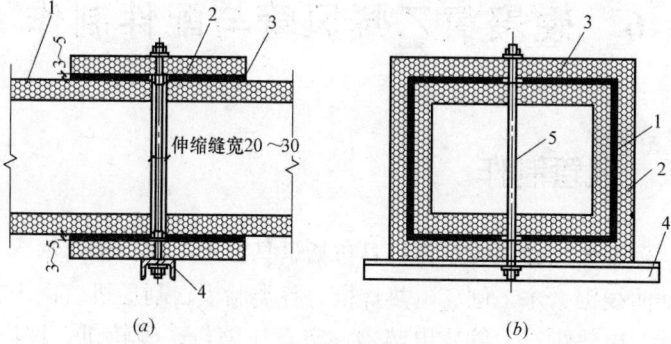

图 5-10　伸缩节的制作和安装示意

(a) 伸缩节的制作和安装；(b) 伸缩节中间设支撑柱

1—风管；2—伸缩节；3—填塞软质绝热材料并密封；

4—角钢或槽钢防晃支架；5—内支撑杆

6　硬聚氯乙烯风管与配件制作

6.1　风管制作

硬聚氯乙烯风管制作机具包括量具、木工锯、钢丝锯、手用电动曲线锯、木工刨、电热焊枪、各类胎模、割板机、锯床、圆盘锯、电热烘箱、管式电热器、空气压缩机、砂轮机、坡口机、电动折弯机、对挤焊机等。

6.1.1　板材放样下料

1. 板材放样

（1）板材四角均应为直角，且两对角线相等。应用红铅笔画线，不得使用划针或锯条，以免毁伤板材表面。

（2）划线尺寸，应考虑材料经过加热，冷却后的收缩变形量，各材料厂条件不同，产品收缩率各异，必须先做试验测定数据，采用锯切方法下料时，还应留出锯口损失量。

（3）划线放样前，要对板材的规格、风管尺寸、烘箱及加工等机具大小全面考虑，合理安排，从而节省材料，减少切割和焊缝。一般直管板长为风管长度，板宽为展开周长。

板材中若有裂纹、离层等缺陷，划线时需避开不用。

（4）矩形风管划线时，必须考虑交错设置纵缝，并且不得放在角上，风管的四角应根据加热折方的弧度划出折方线。

2. 板材切割

（1）使用剪床切割时，厚度小于或等于5mm的板材可在常温下进行切割；厚度大于5mm的板材或在冬天气温较低时，应先把板材加热到30℃左右，再用剪床进行切割，以免发生碎裂现象。

（2）使用圆盘锯床切割时，应将板材贴在圆盘锯工作台面上，均匀地沿切线移动，锯切线速度应视板材厚度而定，一般可控制在 3m/min 之内。在接近锯完时，应减低速度，避免板材破裂。在操作时，要遵守圆盘锯的安全操作规程，防止发生人身或设备安全事故。为避免板材在切割中过热而发生烧焦或粘住现象，可用压缩空气对切割部位进行局部冷却。

（3）切割曲线时，宜采用规格为 300～400mm 的鸡尾锯进行切割。当切割圆弧较小时，宜采用钢丝锯进行。

6.1.2 风管加热成型

（1）硬聚氯乙烯板板材卷圆，应在加热箱内进行，加热可采用电加热、蒸汽加热或热空气加热等方法。一般常用的金属制电热箱，如图 6-1 所示。电热箱应能保证板材的加热温度，便于调节，结构牢固，便于板材的放入及取出，而且应有良好的绝缘和接地，以防操作人员发生触电事故。

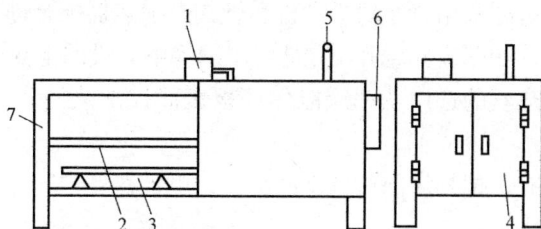

图 6-1　电热箱示意图

1—恒温控制器；2—放置塑料板和钢板网支架；3—电热丝底板；
4—电热箱门；5—温度计；6—电源接线板；7—保温层

硬聚氯乙烯板加热时间应符合表 6-1 的规定。硬聚氯乙烯板加热时，应防止长时间处于 170℃ 以上的状态中以免引起材料膨胀、起泡、分层和炭化等。

硬聚氯乙烯板加热时间 表 6-1

板材厚度(mm)	2～4	5～6	8～10	11～15
加热时间(min)	3～7	7～10	10～14	15～24

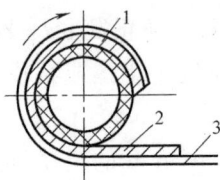

图 6-2 塑料板卷管示意

1—木模；2—塑料板；

3—帆布

（2）圆形直管加热成型时，加热箱里的温度上升到 130～150℃ 并保持稳定后，应将板材放入加热箱内，使板材整个表面均匀受热。板材被加热到柔软状态时应取出，放在帆布上，采用木模卷制成圆管待完全冷却后，将管取出，如图 6-2 所示。木模外表应光滑，圆弧应正确，木模应比风管长 100mm。

如果在工作台上成形，木模用转轴装在工作台的一端，上面装有摇手柄，帆布平铺在工作台上，它的一端钉在木模上。放入塑料板并对齐后，转动摇手柄，木模就将帆布连带板材一道卷在木模上使之成形。

（3）矩形风管加热成型时，矩形风管四角宜采用加热折方成型。风管折方采用普通的折方机和管式电加热器配合进行，管式电加热器，如图 6-3 所示，它是利用钢管中装设的电热丝通电加热的。电热丝的选用功率应能保证板表面被加热到 150～180℃ 的温度。

折方时，把划线部位置于两根管式电加热器中间并加热，变

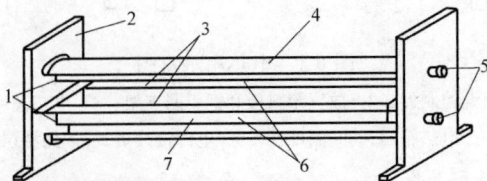

图 6-3 塑料板折方用管式电加热器示意图

1—绝缘套管；2—支座；3—搁塑料板支架；4—上反射罩；

5—电源接线柱；6—管式电加热器；7—下反射罩

软后，迅速抽出，放在折方机上折成 90°角，待加热部位冷却后，取出成型后的板材。

6.1.3 风管与法兰焊接

（1）法兰端面应垂直于风管轴线。直径或边长大于 500mm 的风管与法兰的连接处，宜均匀设置三角支撑加强板，加强板间距不应大于 450mm。

（2）焊接的热风温度、焊条、焊枪喷嘴直径及焊缝形式应满足焊接要求。

（3）焊缝形式宜采用对接焊接、搭接焊接、填角或对角焊接。焊接前，应按表 6-2 的规定进行坡口加工，并应清理焊接部位的油污、灰尘等杂质。

硬聚氯乙烯板焊缝形式和坡口尺寸及使用范围　　表 6-2

焊缝形式	图形	焊缝高度	板材厚度	坡口角度 $\alpha(°)$	使用范围
V 形对接焊缝		2~3	3~5	70~90	单面焊的风管
×形对接焊缝		2~3	≥5	70~90	风管法兰及厚板的拼接
搭接焊缝		≥最小板厚	3~10	—	风管和配件的加固
角焊缝（无坡口）		2~3	6~18	—	风管和配件的加固
角焊缝（无坡口）		≥最小板厚	≥3	—	风管配件的角部焊接

焊缝形式	图形	焊缝高度	板材厚度	坡口角度 $\alpha(°)$	使用范围
V形单面角焊缝		2～3	3～8	70～90	风管的角部焊接
V形双面角焊缝		2～3	6～15	70～90	厚壁风管的角部焊接

（4）焊接时，焊条应垂直于焊缝平面，不应向后或向前倾斜，如图6-4所示。并应施加一定压力，使被加热的焊条与板材粘合紧密。

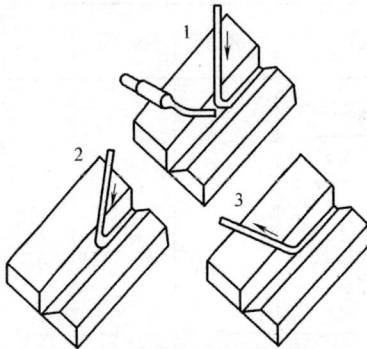

图6-4 塑料板焊接时焊条的位置

焊枪喷嘴应沿焊缝方向均匀摆动，喷嘴距焊缝表面应保持5～6mm的距离。喷嘴的倾角应根据被焊板材的厚度按表6-3的规定选择。

焊枪喷嘴倾角的选择 表6-3

板厚（mm）	≤5	5～10	>10
倾角（°）	15～20	25～30	30～45

（5）为了使焊缝处焊条与板材本体有良好的接合，焊接时可先加热焊条，使其一端弯成直角，再插入已加热的焊缝中，使焊条的尖端留出焊缝 10～15mm，如图 6-5 所示。否则开端处易脱落。

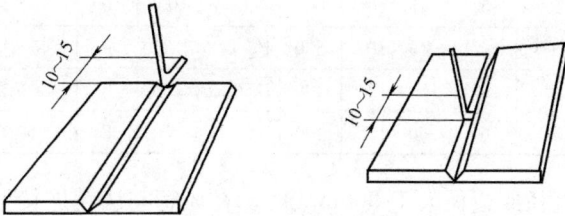

图 6-5　焊缝的开端及断头修补时焊条的熔焊

焊条在焊缝中断裂时，应采用加热后的小刀把留在焊缝内的焊条断头修切成斜面后，再从切断处继续焊接。焊接完成后，应采用加热后的小刀切断焊条，不应用手拉断。焊缝应逐渐冷却。

（6）法兰与风管焊接后，凸出法兰平面的部分应刨平。

6.1.4　风管加固

风管加固宜采用外加固框形式，加固框的设置应符合表 6-4 的规定，并应采用焊接将同材质加固框与风管紧固，如图 6-6（a）所示。

硬聚氯乙烯风管加固框规格（mm）　　　表 6-4

圆形				矩形			
风管直径 D	管壁厚度	加固框		风管长边尺寸 b	管壁厚度	加固框	
		规格（宽×厚）	间距			规格（宽×厚）	间距
$D \leqslant 320$	3	—	—	$b \leqslant 320$	3	—	—
$320 < D \leqslant 500$	4	—	—	$320 < b \leqslant 400$	4	—	—
$500 < D \leqslant 630$	4	40×8	800	$400 < b \leqslant 500$	4	35×8	800
$630 < D \leqslant 800$	5	40×8	800	$500 < b \leqslant 800$	5	40×8	800

圆形				矩形			
风管直径 D	管壁厚度	加固框		风管长边尺寸 b	管壁厚度	加固框	
		规格（宽×厚）	间距			规格（宽×厚）	间距
800＜D≤1000	5	45×10	800	800＜b≤1000	6	45×10	400
1000＜D≤1400	6	45×10	800	1000＜b≤1250	6	45×10	400
1400＜D≤1600	6	50×12	400	1250＜b≤1600	8	50×12	400
1600＜D≤2000	6	60×12	400	1600＜b≤2000	8	60×15	400

　　当直径或边长大于 500mm 时，在风管与法兰连接处应加三角支撑如图 6-6（b）所示，三角支撑间距在 300～400mm，连接法兰的两个三角支撑应对称。

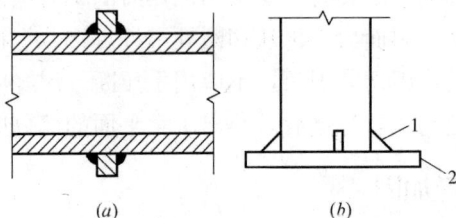

图 6-6　塑料风管加固示意图

（a）风管外焊同材质加固框；（b）加三角支撑加固

1—三角支撑；2—法兰

6.2　配件制作

6.2.1　弯头制作

1. 矩形弯头

　　硬聚氯乙烯矩形弯头由两块侧面弯板和上下盖板四块板构成，展开方法与金属矩形弯头相同，两侧弧形板的划线应精细，保证弯曲弧度，然后将上下盖板加热后贴在弧形胎模上成形。

展开时应保留法兰留量。下料后，为保证表面焊接质量、结构强度和受力稳定性，应对焊接的板边进行坡口。焊接时应保证板材温度高于5℃。

2. 圆形弯头

硬聚氯乙烯圆形弯头有两种制作方法，一种方法是用样板在板材上展开下料，加热后，放在胎膜上压曲成型，待完全冷却后坡口焊接成形。另一种方法是用样板紧贴在已经加工好的圆形直管上，展开划线，沿划线截成弯头的短节，坡口焊接成形。圆形弯头展开时应预留法兰留量。

6.2.2 法兰制作

1. 圆形法兰

圆形法兰制作时，应将板材锯成条形板，开出内圆坡口后，放到电热箱内加热。加热好的条形板取出后应放到胎具上煨成圆形，并用重物压平。板材冷却定型后，进行组对焊接。法兰焊好后应进行钻孔。法兰钻孔时，为了避免塑料板过热，应间歇地提起钻头或用压缩空气进行冷却。

直径较小的圆形法兰，可在车床上车制。圆形法兰的用料规格、螺栓孔数和孔径应符合表6-5的规定。

硬聚氯乙烯圆形风管法兰规格 表6-5

风管直径 D（mm）	法兰（宽×厚）（mm）	螺栓孔径（mm）	螺孔数量	连接螺栓
$D \leqslant 180$	35×6	7.5	6	M6
$180 < D \leqslant 400$	35×8	9.5	8～12	M8
$400 < D \leqslant 500$	35×10	9.5	12～14	M8
$500 < D \leqslant 800$	40×10	9.5	16～22	M8
$800 < D \leqslant 1400$	45×12	11.5	24～38	M10
$1400 < D \leqslant 1600$	50×15	11.5	40～44	M10
$1600 < D \leqslant 2000$	60×15	11.5	46～48	M10
$D > 2000$	按设计			

2. 矩形法兰

矩形法兰制作时，应将塑料板锯成条形，把四块开好坡口的条形板放在平板上组对焊接。矩形法兰的用料规格、螺栓孔径及螺孔间距应符合表6-6的规定。

硬聚氯乙烯矩形风管法兰规格   表6-6

风管长边尺寸 b(mm)	法兰(宽×厚) (mm)	螺栓孔径 (mm)	螺孔间距 （mm）	连接螺栓
≤160	35×6	7.5		M6
160<b≤400	35×8	9.5		M8
400<b≤500	35×10	9.5		M8
500<b≤800	40×10	11.5	≤120	M10
800<b≤1250	45×12	11.5		M10
1250<b≤1600	50×15	11.5		M10
1600<b≤2000	60×18	11.5		M10

6.2.3 伸缩节或软接头

风管直管段连续长度大于20m时，应按设计要求设置伸缩节或软接头，如图6-7和图6-8所示。

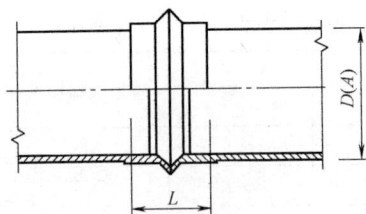

图 6-7 伸缩节示意   图 6-8 软接头示意

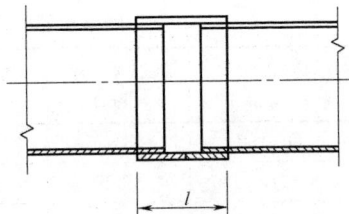

6.2.4 三通制作

1. 矩形三通

展开方法与金属矩形三通相同，展开时应保留法兰留量，下料后对焊接部位的板边进行坡口、组装焊接成型，纵向缝避免设置在角部，角部加热折方成形。

2. 圆形三通

可用金属三通下料法，先制出样板，贴在硬聚氯乙烯圆形风管上，划出干管与支管的结合线，然后按划线锯割出圆三通的干管和支管，坡口焊接组合成形。

6.2.5 变径管制作

1. 矩形变径管

硬聚氯乙烯矩形变径管的展开方法与金属矩形变径管相同，下料后坡口焊接成形，质量要求与硬聚氯乙烯矩形风管相同。

2. 圆形变径管和矩形变圆形变径管（天方地圆）

硬聚氯乙烯圆形变径管和天方地圆展开方法与金属圆形变径管相同，留出加热后收缩量。切割后，矩形风管大小头可按矩形风管方法加热折方成型。圆形大小头和天圆地方应在电热箱中加热，然后在胎模中按圆形直管和矩形风管加热成型方法煨制成型。胎模应使用光滑木材或铁皮制成，胎膜可按整体的 1/2 或 1/4 制成，以节约材料，胎膜形式如图 6-9 所示。

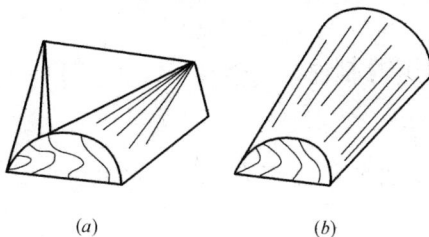

(a)　　　　　(b)

图 6-9　异形胎膜示意

(a) 天方地圆胎膜；(b) 圆形大小头胎膜

7 风管部件制作

7.1 软接风管制作

软接风管包括柔性短管和柔性风管（一般指可伸缩性金属或非金属软风管），软接风管接缝连接处应严密。

7.1.1 制作材料要求

（1）软接风管材料的选用应满足设计要求。

（2）应采用防腐、防潮、不透气、不易霉变的柔性材料。

（3）软接风管材料与胶粘剂的防火性能应满足设计要求。

（4）用于空调系统时，应采取防止结露的措施，外保温软管应包覆防潮层。

（5）用于洁净空调系统时，应不易产尘、不透气、内壁光滑。

7.1.2 柔性短管制作

1. 制作要求

（1）柔性短管的长度宜为 150～300mm，应无开裂、扭曲现象。

（2）柔性短管不应制作成变径管，柔性短管两端面形状应大小一致，两侧法兰应平行。

（3）柔性短管与角钢法兰组装时，可采用条形镀锌钢板压条的方式，通过铆接连接如图 7-1 所示。压条翻边宜为 6～9mm，紧贴法兰，铆接平顺；铆钉间距宜为 60～80mm。

（4）柔性短管的法兰规格应与风管的法兰规格相同。

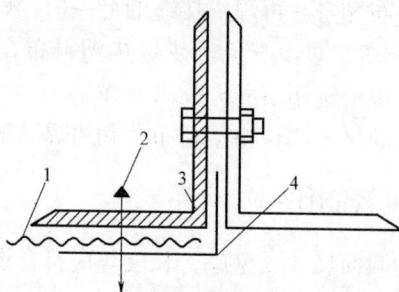

图 7-1 柔性短管与角钢法兰连接示意

1—柔性短管；2—铆钉；3—角钢法兰；4—镀锌钢板压条

2. 帆布柔性短管

（1）下料时，应留出 20～30mm 的圆周搭接量，用缝纫机缝合。

（2）缝合后，软管管端垫 1mm 厚的条形镀锌铁皮（或刷过防锈漆的黑铁皮），将帆布管夹在角钢与铁皮中间进行铆接，铆钉距离一般 60～80mm。帆布管应与铁皮紧密吻合，但不得扎得过死，防止损坏帆布。

（3）铆固后，将抻出管端的铁皮进行翻边，并与法兰盘平面打平。也可以把展开的帆布两端，分别与 60～70mm 宽的镀锌铁皮条咬上，然后再卷圆或折方将铁皮闭合缝咬上，帆布缝好，最后用两端的铁皮与法兰铆接。

（4）如果考虑到帆布防潮的需要可以涂刷帆布漆，以增加防潮性能，但不得涂刷其他漆种，以免使帆布短管失去柔软性。

3. 塑料布柔性短管

（1）下料时，应留出 10～15mm 的圆周搭接量和法兰盘翻边留量，法兰留量应按使用的角钢规格留出。

（2）焊接时，先把焊缝按线对好，用端部打薄的电烙铁插到上下两块塑料布的叠缝中加热，到出现微量的塑料浆时，用压辊把塑料布压紧，使其粘合在一起。电烙铁沿焊缝慢慢移动，压辊也跟在烙铁后面压合被加热的塑料布。为了使接缝牢固，一边焊完后，应把塑料布翻身，再焊搭接缝的另一边。焊接的电烙铁温度应保持在 210～230℃，避免过热烧焦塑料布，输送耐腐蚀性气体的柔性短管也可选用耐酸橡胶来制作。

（3）用同样焊接方法，将塑料布管翻边焊在塑料法兰盘上。

7.1.3 柔性风管制作

柔性风管的截面尺寸、壁厚、长度等应符合设计及相关技术文件的要求。

7.2 风阀和风口制作

7.2.1 风阀制作

1. 成品风阀

（1）风阀规格应符合产品技术标准的规定，并应满足设计和使用要求。

（2）风阀应启闭灵活，结构牢固，壳体严密，防腐良好，表面平整，无明显伤痕和变形，并不应有裂纹、锈蚀等质量缺陷。

（3）风阀内的转动部件应为耐磨、耐腐蚀材料，转动机构灵活，制动及定位装置可靠。

（4）风阀法兰与风管法兰应相匹配。

2. 风阀制作与装配

（1）外框下料、折方、成型：根据风阀的类型、型号、规格选择不同型号、规格的材料，应使用剪板机下料。

外框折方、成型：根据风阀的型号、规格计算外框折方、成型的尺寸，调整折方机的定位进行折方，成型采用专用模具在冲床上进行。

（2）叶片下料、成型：根据风阀的类型、型号、规格选择不同型号、规格的材料，应使用剪板机下料。

调整叶片成型专用模具的定位工装完成成型工序。

（3）机加件及其他零部件加工：针对不同形式风阀所需的机加件及零部件采用机械设备及专用模具进行加工。

（4）焊接：根据不同类型的风阀对其外框和叶片按有关要求采用 CO_2 保护焊机或电弧焊机进行焊接。焊接时应在专用胎具上进行，保证外框和叶片的设计角度。焊接过程中应注意控制阀体焊接变形。

（5）组装：风阀的部件成型后进行组装，应用专用的工艺装备，以保证产品质量。如风阀规格较大，应在适当部位对叶片及外框采取加固补强措施。

（6）检验调整：风阀组装完成后，应对风阀表面的平整度、直线度、角度进行检查调整，风阀的转动、调节部分应灵活、可靠，定位后应无松动现象。多叶片风阀的叶片应贴合严密，间距均匀，搭接一致，方向为顺气流方向。

防火阀、排烟防火阀制作所用钢材厚度不应小于 2mm，转动部件应转动灵活、可靠，叶片关闭应严密。易熔件应为批准的并检验合格的正规产品，其熔点温度的允许偏差为 $-2℃$。

（7）涂漆：风阀制作完成后，应对风阀整体进行除油除锈处理，再根据用户要求涂制油漆。

（8）装配执行机构：对电动阀、防火阀、排烟防火阀加装执行机构时，执行机构应逐台进行检验。

3. 蝶阀

蝶阀一般用于风管分支管或分布器前，用于调节通风量。蝶阀由短管、阀板、调节装置构成，通过转动调节阀板角度来调节风量。

（1）蝶阀阀板与壳体的间隙应均匀，不得碰擦。拉链式蝶阀的链条应按其位置高度配制。

（2）组装时手柄、手轮应转动灵活，以顺时针方向转动为关闭。

（3）调节范围及开启角度指示应与叶片开启角度相一致。

4. 调节阀

（1）手动调节阀（包括单叶和多叶调节阀）应以顺时针方向

转动为关闭，调节开度指示应与叶片开度相一致，叶片的搭接应贴合整齐，叶片与阀体的间隙应小于2mm。

（2）电动、气动调节风阀应按产品说明书的要求进行驱动装置的动作试验，试验结果应符合产品技术文件的要求，并应在最大设计工作压力下工作正常，执行机构启闭灵活。

（3）叶片采用机械成型，不得用手工敲制。

（4）多叶调节阀的结构应牢固，开启关闭灵活，法兰材质与风管相一致。应装配叶片开启角度指示装置。

（5）密封条在叶片上铆接应牢固。

（6）多叶风阀的叶片间距应均匀，关闭时应相互贴合，搭接应一致。大截面的多叶调节风阀应提高叶片与轴的刚度，并宜实施分组调节。

（7）用于洁净空调系统的多叶调节阀，阀体的活动件、固定件、紧固件应采用镀锌、喷塑防腐处理，阀体与外界相通的缝隙处，应进行严格密封处理。

5. 插板阀

插板阀常用于通风、除尘系统中，用来调节各个支风管的通风量。

（1）插板阀壳体应严密，内壁应作防腐处理。

（2）插板应平整，开启关闭灵活，并有可靠的定位固定装置。

（3）斜插板风阀的上下接管应成一直线，阀板必须为向上拉启；水平安装时，阀板还应为顺气流方向插入。

（4）输送有粉尘的通风系统必须用斜拉板阀。斜拉板阀上下端必须在一条直线上，圆弧均匀，内壁光滑，不得有积尘现象，抽动灵活、拉板把手牢固。在水平管上安装时，插板应顺气流安装；在垂直管（气流向上）安装时，插板以逆气流安装为宜。

6. 止回阀

止回阀又称单向阀，在通风空调系统中，为防止通风机停止运作后气流倒流，常用止回阀。止回阀在通风机开机后，阀板在风压作用下打开，通风机停止运作后，阀板自动关闭，为使阀板开闭灵活，阀板应采用轻质材料。

（1）止回风阀应检查其构件是否齐全，并应进行最大设计工作压力下的强度试验，在关闭状态下阀片不变形，严密不漏风。

（2）阀板的转轴、铰链应采用不易锈蚀的材料制作，转动应灵活。止回阀阀轴表面应光滑。

（3）止回风阀、自动排气活门的安装方向应正确。

（4）阀板关闭处与外框内侧应有密闭措施，防止大气倒流。

7. 三通调节阀

三通调节阀用来调节通风空调系统总风管对支风管的通风量，改变三通调节阀阀板位置，实现支风管通风量的变化。

（1）三通调节阀阀板拉杆或手柄的转轴与风管的结合处应严密。

（2）拉杆可在任意位置上固定，手柄开关应标明调节的角度。

（3）阀板调节方便，并不与风管相碰擦。

7.2.2 风口制作

1. 成品风口

成品风口应结构牢固，外表面平整，叶片分布均匀，颜色一致，无划痕和变形，符合产品技术标准的规定。表面应经过防腐处理，并应满足设计及使用要求。风口的转动调节部分应灵活、可靠，定位后应无松动现象。

2. 风口组件制作

（1）外框制作：根据风口的类型、型号、规格选择不同型号、规格的外框型材，应使用专用的铝型材切割机下料。

根据风口的型号、规格计算孔的数量和孔间距，调整冲孔专用模具和定位工装完成冲孔工序。

用板边机将板条扳成角钢形状，拼成方框。然后检查外表的平整度；检查角方，要保证焊好后两对角线之差不大于 3mm；

最后将四角焊牢再检查一次。

（2）叶片制作：将钢板按设计（或设计指定的标准图集）尺寸剪成所需的条形，通过模具将两边冲压成所需的圆棱，然后锉去毛刺，钻好铆钉孔，再把两头的耳环扳成直角。

（3）机加件及其他零部件加工：针对不同形式风口所需的机加件及零部件采用机械设备及专用模具进行加工。

（4）根据不同类型的风口对其外框型材和叶片型材按有关要求采用气焊或者电焊进行焊接，焊点应在型材的背面。焊接时应在专用胎具上进行，保证外框和叶片的角度及风口外表装饰面的平整、光滑。

3. 风口组件装配

（1）组装时，其叶片的间距应均匀，轴的两端应同心。

（2）将设计要求的叶片铆在外框上，要求叶片间距均匀，两端轴中心应在同一直线上，叶片与边框铆接松紧适宜，转动调节时应灵活，叶片平直，同边框不得有碰擦。

（3）组装后，圆形风口必须做到圆弧度均匀，矩形风口四角必须方正，表面平整、光滑。风口转动调节机构灵活、可靠，定位后无松动迹象。

（4）风口活动部分，如轴、轴套的配合等，应在装配完成后加注润滑油。如风口尺寸过大，应对叶片和外框采取加固措施。

（5）风口装配完成后焊接工序不得破坏风口装饰面美观，应在非装饰面进行，可选用气焊或者电焊等焊接方式，铝制风口应采用氩弧焊。

4. 外观要求及处理

（1）装配过程中应注意保持风口装饰面无明显的划伤及压痕，风口的装饰面颜色应一致，无花斑现象，点焊应光滑牢固。

（2）毛刺应挫平，明露部分的焊缝应磨平，打光。风口表面应进行表面处理，铝制风口可采用阳极氧化处理和抛光处理；钢制风口可采用喷漆、烤漆等方式。

7.3 风罩、风帽制作

风罩与风帽制作时，应根据其形式和使用要求，按施工图对所选用材料放样后，进行下料加工，可采用咬口连接、焊接等连接方式，制作方法可按金属风管制作的有关规定执行。

7.3.1 风罩

现场制作的风罩尺寸及构造应满足设计及相关产品技术文件要求。

1. 下料

（1）风罩制作的展开下料方法与风管配件相同，可以按其几何形状，用平行线法、放射线法、三角形法展开。

根据不同的形式展开划线、下料后进行机械或手动加工成型。连接件要选用与主料相同的标准件。

（2）风罩根据不同要求可选用普通钢板、镀锌钢板、不锈钢板及聚氯乙烯板等材料制作。

（3）部件加工后，尺寸应正确，形状要规则，表面须平整光滑，外壳不得有尖锐的边缘，罩口应平整。制作尺寸应准确。

2. 组件装配

（1）成型组装应根据采用板材情况，可采用咬接、铆接及焊接方法，制作要求与风管相同。

（2）连接处应牢固，其外壳不应有尖锐边缘。对于带有回转或升降机构的排气罩，所有活动部件应动作灵活、操作方便。

（3）风罩应结构牢固，形状规则，内外表面平整、光滑，外壳无尖锐边角。

（4）槽边侧吸罩、条缝抽风罩的吸入口应平整，转角处应弧度均匀，罩口加强板的分隔间距应一致。

（5）用于排出蒸汽或其他潮湿气体的伞形罩，应在罩内边采取排除凝结液体的措施。

（6）厨房锅灶的排烟罩下部应设置集水槽；用于排出蒸汽或其他潮湿气体的伞形罩，在罩口内侧也应设置排出凝结液体的集水槽；集水槽应进行通水试验，排水畅通，不渗漏。

（7）厨房锅灶排烟罩的油烟过滤器应便于拆卸和清洗。

7.3.2 风帽

排风系统中一般使用伞形风帽、锥形风帽和筒形风帽向室外排出污浊空气。

1. 制作要求

（1）现场制作的风帽尺寸及构造应满足设计及相关技术文件的要求，风帽应结构牢固。内、外形状规则，表面平整。

（2）风帽可采用镀锌钢板、普通钢板及其他适宜的材料制作。

（3）风帽的展开下料方法与风管配件相同，可以按其几何形状，用平行线法、放射线法、三角形法展开。

（4）成型组装应根据采用板材情况，可采用咬接、铆接及焊接方法，制作要求与风管相同。

（5）支撑用扁钢制成，用来连接扩散管、外筒和伞形帽。

（6）风帽各部件加工完后，应刷好防锈底漆再进行装配；装配时，必须使风帽形状规整、尺寸准确，不歪斜，风帽重心应平衡，所有部件应牢固。

2. 伞形风帽

伞形罩和倒伞形帽可按锥形展开咬口制成。伞形罩和倒伞形帽的零件可按室外风管厚度制作。

支撑用扁钢制成，用以连接伞形帽。伞形风帽的伞盖边缘应进行加固，支撑高度一致。

3. 锥形风帽

锥形帽制作方法，主要按圆锥形展开下料组装。锥形风帽制作时，必须确保锥形帽里的上伞形帽挑檐 10mm 的尺寸，并且下伞形帽与上伞形帽焊接时，焊缝与焊渣不许露至檐口边，严防水流下时，从该处流到下伞形帽并沿外壁淌下造成漏水。

组装后，内外锥体的中心线应重合，而且锥体间的水平距离均匀、连接缝应顺水。

4. 筒形风帽

由伞形罩、外筒、扩散管和支撑四部分组成，其中圆筒为一圆形短管，规格小时，帽的两端可翻边铁丝加固。规格较大时，可用扁钢或角钢做箍进行加固。

伞盖边缘与外筒体的距离应一致，挡风圈的位置应正确；扩散管可按圆形大小头加工，一端用铁丝加固，一端铆上法兰，以便与风管连接。

7.4 消声器、消声风管、消声弯头和消声静压箱制作

消声器、消声风管、消声弯头及消声静压箱的制作应符合设计要求，根据不同的形式放样下料，宜采用机械加工。现以消声器为例介绍其制作。

7.4.1 外壳及框架结构制作

（1）框架应牢固，壳体不漏风；框、内盖板、隔板、法兰制作及铆接、咬口连接、焊接等可按"金属风管制作"的有关规定执行；内外尺寸应准确，连接应牢固，其外壳不应有锐边。

（2）根据消声器的型号、规格计算需折方的尺寸，调整折方机的定位进行折方，成型采用专用模具在冲床上进行，咬口在专用咬口机上进行。

（3）消声器框架无论用何种材料，必须固定牢固。有方向性的消声器还需装上导流板。

（4）对于金属穿孔板，穿孔的孔径和穿孔率应符合设计及相关技术文件的要求。穿孔板孔口的毛刺应挫平，避免将覆面织布划破。

（5）消声片单体安装时，应排列规则，上下两端应装有固定消声片的框架，框架应固定牢固，不应松动。

7.4.2 消声器组装

1. 弧形声流式消声器组装

（1）消声片的空孔孔径和空孔面积及空孔的分布应严格按照设计图纸或标准图进行加工。为防止孔口的毛刺刺破玻璃纤维布而使矿棉漏出，消声片钻孔或冲孔后，应将孔口上毛刺锉掉。

（2）为保持弧形片的弧度均匀，各号弧形片应分别采用模具冲压加工成型。

（3）为了保证片距相等，必须使固定拉杆按要求的片距认真调整。

2. 片式和管式消声器组装

（1）消声填料应根据设计要求和消声器的体积分别称量填料后，均匀填充。

（2）在消声片同层拉紧后，在间距加密的条件下装钉，并按100mm×100mm 的间距用尼龙线分别将两面的覆面层拉紧，以保持消声片的厚度不变。

（3）在冲、钻消声孔时，要求分布均匀，开孔的面积要符合设计图或标准图的要求。

7.4.3 消声材料及其填充

消声材料应具备防腐、防潮功能，其卫生性能、密度、导热系数、燃烧等级应符合国家有关技术标准的规定。消声材料应按设计及相关技术文件要求的单位密度均匀敷设，需粘贴的部分应按规定的厚度粘贴牢固，拼缝密实，表面平整。

消声材料填充后，应采用透气的覆面材料覆盖。覆面材料的拼接应顺气流方向、拼缝密实、表面平整、拉紧，不应有凹凸不平。

7.4.4 防腐处理及标识

消声器、消声风管、消声弯头及消声静压箱的内外金属构件表面应进行防腐处理，表面平整。

消声器、消声风管、消声弯头及消声静压箱制作完成后，应进行规格、方向标识，并通过专业检测。

7.5 成品过滤器和风管内加热器

7.5.1 成品过滤器

成品过滤器应根据使用功能要求选用。过滤器的规格及材质应符合设计要求；过滤器的过滤速度、过滤效率、阻力和容尘量等应符合设计及产品技术文件要求；框架与过滤材料应连接紧密、牢固，并应标注气流方向。

7.5.2 成品风管内加热器

加热器的加热形式、加热管用电参数、加热量等应符合设计要求。

加热器的外框应结构牢固、尺寸正确，与加热管连接应牢固，无松动。

加热器进场应进行测试，加热管与框架之间应绝缘良好，接线正确。

8 风管支、吊架制作与安装

8.1 支吊架制作

8.1.1 施工条件

（1）支、吊架的形式及制作方法已明确，采用的技术标准和质量控制措施文件齐全。

（2）加工场地环境满足作业条件要求。

（3）型钢及附属材料进场检验合格。

（4）加工机具准备齐备，满足制作要求。

8.1.2 支、吊架的类型及选用

支、吊架形式应根据建筑物结构和固定位置确定，并应符合设计要求。

靠墙、柱安装的水平风管宜采用悬臂型或斜支撑型支架；不靠墙、柱安装的水平风管宜采用悬吊型或地面支撑型支架；靠墙安装的垂直风管宜采用悬臂型支架或斜支撑型支架。

不靠墙、柱，穿楼板的垂直风管应根据施工现场结构形式，管道相互位置及排列方式，管道荷载，水平、垂直或弯管（头）类型，管道保温或非保温等不同要求选用合适的支、吊架类型。

常用的管道支、吊架的类型见表 8-1。

8.1.3 支、吊架的型钢材料选用

支、吊架的悬臂、斜支撑采用角钢或槽钢制作。支、吊架的

吊架根部采用钢板、角钢或槽钢与墙柱固定；悬臂、斜支撑、吊臂及吊杆采用角钢、槽钢或圆钢制作；横担采用角钢、槽钢制作；抱箍采用圆钢或扁钢制作。支、吊架的固定件与墙、柱采用焊接或膨胀螺栓固定。

管道支、吊架的类型　　　　　表 8-1

序号	分类方法	支、吊架类型	
1	按支、吊架与墙体、梁、楼板等固定结构的相互位置关系划分	悬臂型	
		斜支撑型	
		地面支撑型	
		悬吊型	
2	按支、吊架对管道位移的限制情况划分	固定支架	
		活动支架	滑动支架
			导向支架
			防晃支架

风管支、吊架的型钢材料应按风管、部件、设备的规格和重量选用，并应符合设计要求。当设计无要求时，在最大允许安装间距下，风管吊架的型钢规格应符合表 8-2～表 8-5 的规定。

水管支、吊架的型钢材料应按水管、附件、设备的规格和重量选用，并应符合设计要求。当设计无要求时，应符合表 8-6 的规定。

水平安装金属矩形风管的吊架型钢最小规格（mm）　表 8-2

风管长边尺寸 b	吊杆直径	吊架规格	
		角钢	槽钢
$b \leqslant 400$	$\phi 8$	$\llcorner 25 \times 3$	$\llbracket 50 \times 37 \times 4.5$
$400 < b \leqslant 1250$	$\phi 8$	$\llcorner 30 \times 3$	$\llbracket 50 \times 37 \times 4.5$
$1250 < b \leqslant 2000$	$\phi 10$	$\llcorner 40 \times 4$	$\llbracket 50 \times 37 \times 4.5$ $\llbracket 63 \times 40 \times 4.8$
$2000 < b \leqslant 2500$	$\phi 10$	$\llcorner 50 \times 5$	—

水平安装金属圆形风管的吊架型钢最小规格（mm） 表 8-3

风管直径 D	吊杆直径	抱箍规格		角钢横担
		钢丝	扁钢	
$D \leqslant 250$	$\phi 8$	$\phi 2.8$		
$250 < D \leqslant 450$	$\phi 8$	$*\phi 2.8$ 或 $\phi 5$	25×0.75	—
$450 < D \leqslant 630$	$\phi 8$	$*\phi 3.6$		
$630 < D \leqslant 900$	$\phi 8$	$*\phi 3.6$	25×1.0	
$900 < D \leqslant 1250$	$\phi 10$	—		—
$1250 < D \leqslant 1600$	$\phi 10$	—	$*25 \times 1.5$	∟ 40×4
$1600 < D \leqslant 2000$	$\phi 10$	—	$*25 \times 2.0$	

注：1. 吊杆直径中"＊"的表示两根圆钢。

2. 钢丝抱箍中的"＊"表示两根钢丝合用。

3. 扁钢中的表示上、下两个半圆弧。

水平安装非金属与复合风管的吊架横担型钢最小规格（mm）

表 8-4

风管类别		角钢或槽钢横担				
		∟ 25×3 [50×37 $\times 4.5$	∟ 30×3 [50×37 $\times 4.5$	∟ 40×4 [50×37 $\times 45$	∟ 50×5 [63×40 $\times 4.8$	∟ 63×5 [80×43 $\times 5.0$
非金属管	无机玻璃钢风管	$b \leqslant 630$	—	$b \leqslant 1000$	$b \leqslant 1500$	$b \leqslant 2000$
	硬聚氯乙烯风管	$b \leqslant 630$	—	$b \leqslant 1000$	$b \leqslant 2000$	$b \leqslant 2000$
复风管	酚醛铝箔复合风管	$b \leqslant 630$	$630 < b \leqslant 1250$	$b \leqslant 1250$	—	—
	聚氨酯铝箔复合风管	$b \leqslant 630$	$630 < b \leqslant 1250$	$b \leqslant 1250$	—	—
	玻璃纤维复合风管	$b \leqslant 450$	$450 < b \leqslant 1000$	$1000 < b \leqslant 2000$	—	—
	玻镁复合风管	$b \leqslant 630$	—	$b \leqslant 1000$	$b \leqslant 500$	$b \leqslant 2000$

水平安装非金属与复合风管的吊架吊杆型钢最小规格（mm）

表 8-5

风管类别		吊杆直径			
		$\phi6$	$\phi8$	$\phi10$	$\phi12$
非金属风管	无机玻璃钢风管	—	$b\leqslant1250$	$1250<b\leqslant2500$	$b>2500$
	硬聚氯乙烯风管	—	$b\leqslant1250$	$1250<b\leqslant2500$	$b>2500$
复合风管	聚氨酯复合风管	$b\leqslant1250$	$1250<b\leqslant2000$	—	—
	酚醛铝箔复合风管	$b\leqslant800$	$800<b\leqslant2000$	—	—
	玻璃纤维复合风管	$b\leqslant600$	$600<b\leqslant2000$	—	—
	玻镁复合风管	—	$b\leqslant1250$	$1250<b\leqslant2500$	$b>2500$

注：b 为风管内边长。

水平管道支吊架的型钢最小规格（mm）

表 8-6

公称直径	横担角钢	横担槽钢	加固角钢或槽钢（斜支撑型）	膨胀螺栓	吊杆直径	吊环、抱箍
25	$\llcorner$ 20×3	—		M8	$\phi6$	30×2 扁钢或 $\phi10$ 圆钢
32	$\llcorner$ 20×3	—		M8	$\phi6$	
40	$\llcorner$ 20×3	—		M10	$\phi8$	
50	$\llcorner$ 25×4	—		M10	$\phi8$	40×3 扁钢或 $\phi2$ 圆钢
65	$\llcorner$ 36×4	—		M14	$\phi8$	
80	$\llcorner$ 36×4	—		M14	$\phi10$	
100	$\llcorner$ 45×4	$\llbracket$ 50×37×4.5		M16	$\phi10$	50×3 扁钢或 $\phi12$ 圆钢
125	$\llcorner$ 50×5	$\llbracket$ 50×37×4.5	—	M16	$\phi12$	
150	$\llcorner$ 63×5	$\llbracket$ 63×40×4.8		M18	$\phi12$	
200	—	$\llbracket$ 63×40×4.8	*$\llcorner$ 45×4 或 $\llbracket$ 63×40×4.8	M18	$\phi16$	50×4 扁钢或 $\phi8$ 圆钢
250		$\llbracket$ 100×48×5.3	*$\llcorner$ 45×4 或 $\llbracket$ 63×40×4.8	M20	$\phi18$	60×5 扁钢或 $\phi20$ 圆钢
300		$\llbracket$ 126×53×5.5	*$\llcorner$ 45×4 或 $\llbracket$ 63×40×4.8	M20	$\phi22$	60×5 扁钢或 $\phi20$ 圆钢

注：表中"＊"表示两个角钢加固件。

8.1.4 型钢矫正、切割下料

（1）支、吊架制作前，应对型钢进行矫正。型钢宜采用机械切割，切割边缘处应进行打磨处理。

（2）型钢斜支撑、悬臂型钢支架栽入墙体部分应采用燕尾形式，栽入部分不应小于120mm。

（3）横担长度应预留管道及保温宽度，如图8-1和图8-2所示。

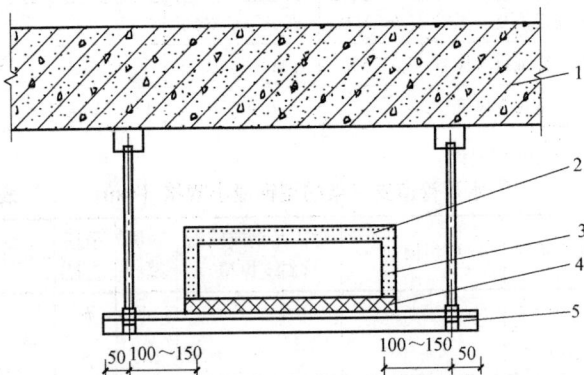

图 8-1　风管横担预留长度示意

1—楼板；2—风管；3—保温层；4—隔热木托；5—横担

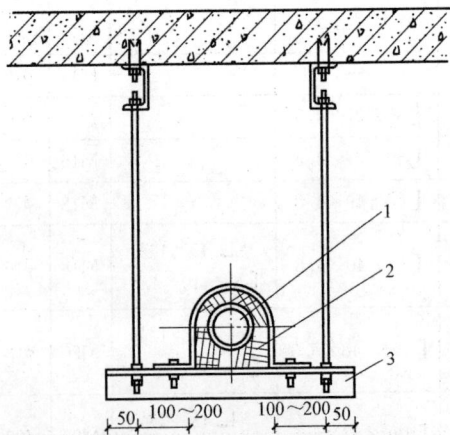

图 8-2　水管横担预留长度示意

1—水管；2—隔热木托；3—横担

（4）有绝热层的吊环，应按保温厚度计算；采用扁钢或圆钢制作吊环时，螺栓孔中心线应一致，并应与大圆环垂直。

（5）吊杆的长度应按实际尺寸确定，并应满足在允许范围内的调节余量。

8.1.5　钻孔、套丝处理

型钢应采用机械开孔，开孔尺寸应与螺栓相匹配。

采用圆钢制作 U 形卡时，应采用圆板牙扳手在圆钢的两端套出螺纹，活动支架上的 U 形卡可一头套丝，螺纹的长度宜套上固定螺母后留出 2～3 扣。

8.1.6　焊接连接

支、吊架焊接应采用角焊缝满焊，焊缝高度应与较薄焊接件厚度相同，焊缝饱满、均匀，不应出现漏焊、夹渣、裂纹、咬肉等现象。采用圆钢吊杆时，与吊架根部焊接长度应大于 6 倍的吊杆直径。

8.1.7　支、吊架防腐处理

支、吊架防腐处理参见 11.1 中相关内容。

8.2　支吊架安装

支、吊架安装所需的主要机具、工具包括手电钻、电锤、手锯、电气焊具、水平尺、钢直尺、钢卷尺、角尺、线坠等。

8.2.1　施工条件

（1）支、吊架安装前，应对照施工图核对现场。支、吊架安装施工方案已批准，专项技术交底已完成。

（2）支、吊架固定所采用的膨胀螺栓等应是符合国标的正规产品，其强度应能满足管道及设备的安装要求。连接和固定装配式管道吊架，快速吊装组合支、吊架，减振器等成型产品的连接件，应符合相关产品要求。

（3）支、吊架安装场所应清洁；现场具备管道设备安装条件；作业地点要有相应的辅助设施，如梯子、架子、电源和安全防护装置、消防器材等；焊接工人操作应持证上岗，并有防护措施。

（4）预埋件形式、规格及位置应符合设计要求，并应与结构浇筑为一体。支、吊架的预埋件位置应正确、牢固可靠，埋入结构部分应除锈、除油污，并不应涂漆，外露部分应做防腐处理。

8.2.2 支、吊架定位放线

（1）支、吊架定位放线时，应按施工图中管道、设备等的安装位置，弹出支、吊架的中心线，确定支、吊架的安装位置。严禁将管道穿墙套管作为管道支架。土建施工时已在墙上预留了埋设支架的孔洞，或在钢筋混凝土柱、构件上预理了焊接支架的钢板，也应拉线找坡、检查其标高、位置及数量是否符合设计要求和相关标准规定。

（2）支、吊架的最大允许间距应满足设计要求。悬吊型按标高及坡度高差确定吊杆长度。悬臂型和斜支撑型按标高及坡度高差确定安装位置。

（3）金属风管（含保温）水平安装时，支、吊架的最大间距应符合表 8-7 规定。

水平安装金属风管支吊架的最大间距（mm）　　　表 8-7

风管边长 b 或直径 D	矩形风管	圆形风管	
		纵向咬口风管	螺旋咬口风管
≤400	4000	4000	5000
>400	3000	3000	3750

注：薄钢板法兰，C形、S形插条连接风管的支、吊架间距不应大于3000mm。

（4）非金属与复合风管水平安装时，支、吊架的最大间距应符合表8-8规定。

水平安装非金属与复合风管支吊架的最大间距（mm）　表8-8

风管类别		风管边长 b						
		≤400	≤450	≤800	≤1000	≤1500	≤1600	≤2000
		支、吊架最大间距						
非金属风管	无机玻璃钢风管	4000		3000		2500		2000
	硬聚氯乙烯风管	4000		3000				
复合风管	聚氨酯铝箔复合风管	4000		3000				
	酚醛铝箔复合风管			2000		1500		1000
	玻璃纤维复合风管		2400		2200		1800	
	玻镁复合风管	4000		3000		2500		2000

注：边长大于2000mm的风管可参考边长为2000mm风管。

（5）钢管水平安装时，支、吊架的最大间距应符合表8-9的规定。

钢管支吊架的最大间距　　　表8-9

公称直径(mm)		15	20	25	32	40	50	70
支架的最大间距(m)	L_1	1.5	2.0	2.5	2.5	3.0	3.5	4.0
	L_2	2.5	3.0	3.5	4.0	4.5	5.0	6.0
公称直径(mm)		80	100	125	150	200	250	300
支架的最大间距(m)	L_1	5.0	5.0	5.5	6.5	7.5	8.5	9.5
	L_2	6.5	6.5	7.5	7.5	9.0	9.5	10.5
管径大于300mm的管道可参考管径为300mm管道								

注：1. 适用于设计工作压力不大于2.0MPa，非绝热或绝热材料密度不大于200kg/m³ 的管道系统。

2. L_1 用于绝热管道，L_2 用于非绝热管道。

（6）管道采用沟槽连接水平安装时，支、吊架的最大间距应符合表8-10的规定。

沟槽连接管道支吊架允许最大间距　　　　表8-10

公称直径(mm)	50、70、80	100、125、150	200、250、300	350、400
间距(m)	3.6	4.2	4.8	5.4

注：支、吊架不应支承在连接头上，水平管的任意两个连接头之间应有支、吊架。

（7）铜管支、吊架的最大间距应符合表8-11的规定。

铜管道支吊架的最大间距　　　　表8-11

公称直径(mm)		15	20	25	32	40	50
支、吊架的最大间距(m)	垂直管道	1.8	2.4	2.4	3.0	3.0	3.0
	水平管道	1.2	1.8	1.8	2.4	2.4	2.4
公称直径(mm)		65	80	100	125	150	200
支、吊架的最大间距(m)	垂直管道	3.5	3.5	3.5	3.5	4.0	4.0
	水平管道	3.0	3.0	3.0	3.0	3.5	3.5

（8）塑料管及复合管道支、吊架的最大间距应符合表8-12的规定。

塑料管及复合管道支吊架的最大间距　　　　表8-12

管径(mm)			12	14	16	18	20	25	32
支、吊架的最大间距(m)	立管		0.5	0.6	0.7	0.8	0.9	1.0	1.1
	水平管	冷水管	0.4	0.4	0.5	0.5	0.6	0.7	0.8
		热水管	0.2	0.2	0.25	0.3	0.3	0.35	0.4
管径(mm)			40	50	63	75	90	110	
支、吊架的最大间距(m)	立管		1.3	1.6	1.8	2.0	2.2	2.4	
	水平管	冷水管	0.9	1.0	1.1	1.2	1.35	1.55	
		热水管	0.5	0.6	0.7	0.8	—	—	

（9）垂直安装的风管和水管支架的最大间距应符合表8-13的规定。

垂直安装风管和水管支架的最大间距（mm）　表 8-13

管道类别		最大间距	支架最少数量
金属风管	钢板、镀锌钢板、不锈钢板、铝板	4000	单根直管 不少于 2 个
复合风管	聚氨酯铝箔复合风管	2400	
	酚醛铝箔复合风管		
	玻璃纤维复合风管	1200	
	玻镁复合风管		
非金属风管	无机玻璃钢风管	3000	
	硬聚氯乙烯风管		
金属水管	钢管、钢塑复合管	楼层高度小于或等于 5m 时,每层应安装 1 个;楼层高度大于 5m 时,每层不应少于 2 个	

（10）柔性风管支、吊架的最大间距宜小于 1500mm。

8.2.3　支、吊架固定方式

（1）支、吊架与结构固定可采用膨胀螺栓、预埋件焊接及穿楼板螺栓固定。结构现浇板内不设预埋件时，吊架与结构固定点（吊架根部）采用槽钢或角钢，通过膨胀螺栓与结构固定。吊杆与槽钢或角钢采用螺栓连接或焊接连接，如图 8-3 和图 8-4 所示。

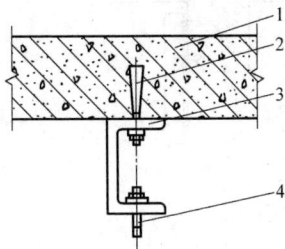

图 8-3　吊杆与槽钢或角钢
采用螺栓连接示意

1—楼板；2—膨胀螺栓；
3—槽钢；4—吊杆

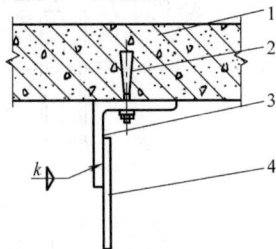

图 8-4　吊杆与角钢吊架
焊接连接示意

1—楼板；2—膨胀螺栓；
3—角钢；4—吊杆

（2）结构现浇板内设预埋件时，吊架根部采用角钢或槽钢，与预埋件焊接连接或螺栓连接，焊接连接如图 8-5 所示。

（3）吊杆槽钢或角钢采用螺栓、吊钩或焊接连接。结构为预制板时，吊架根部采用穿楼板螺栓固定连接，如图 8-6 所示。

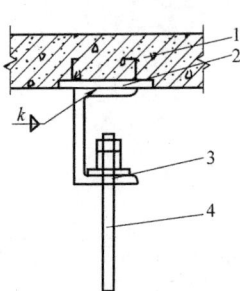

图 8-5　吊架与预埋件
焊接固定示意

1—楼板；2—预埋件；
3—槽钢；4—吊杆

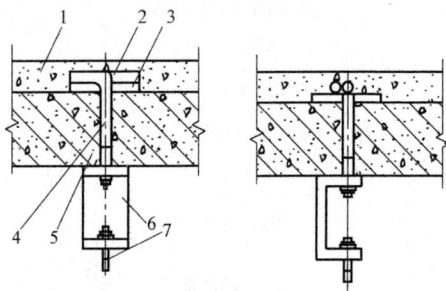

图 8-6　穿楼板螺栓固定示意

1—面层；2—加强筋；3—钢板；4—螺栓；
5—楼板；6—槽钢；7—吊杆

（4）当结构为梁时，吊架根部采用槽钢或角钢，通过膨胀螺栓与梁连接固定，如图 8-7 所示。

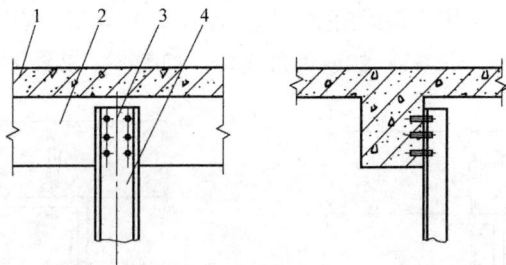

图 8-7　支架与梁固定示意

1—楼板；2—梁；3—螺栓；4—槽钢

8.2.4　支、吊架的固定件安装

（1）采用膨胀螺栓固定支、吊架时，应符合膨胀螺栓使用技术条件的规定，螺栓至混凝土构件边缘的距离不应小于 8 倍的螺栓直径；螺栓间距不小于 10 倍的螺栓直径。螺栓孔直径和钻孔深度应符合表 8-14 的规定。

常用膨胀螺栓规格、钻孔直径和钻孔深度（mm）表 8-14

膨胀螺栓种类	图示	规格	螺栓总长	钻孔直径	钻孔深度
内螺纹膨胀螺栓		M6	25	8	32～42
		M8	30	10	42～52
		M10	40	12	43～53
		M12	50	15	54～64
单胀管式膨胀螺栓		M8	95	10	65～75
		M10	110	12	75～85
		M12	125	18.5	80～90
双胀管式膨胀螺栓		M12	125	18.5	80～90
		M16	155	23	110～120

（2）支、吊架与预埋件焊接时，焊接应牢固，不应出现漏焊、夹渣、裂纹、咬肉等现象。

（3）在钢结构上设置固定件时，钢梁下翼宜安装钢梁夹或钢吊夹，预留螺栓连接点、专用吊架型钢；吊架应与钢结构固定牢固，并应不影响钢结构安全。

8.2.5 各类支、吊架的安装图示

1. 悬臂型及斜支撑型支、吊架

悬臂型及斜支撑型支、吊架宜安装在混凝土墙、混凝土柱及钢柱上。悬臂支架及斜支撑采用角钢或槽钢制作，支、吊架与结构固定方式采用预埋件焊接固定或螺栓固定，如图 8-8 和图 8-9 所示。

2. 地面支撑型支架、悬吊架

地面支撑型支架用于设备、管道的落地安装，支架采用角

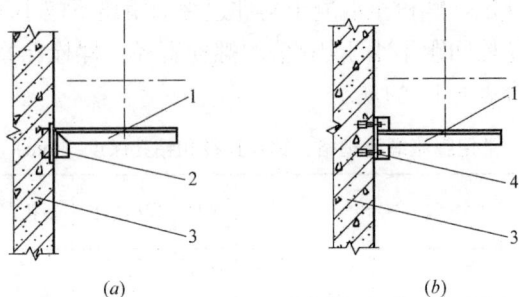

图 8-8 悬臂型支架示意

（a）预埋件焊接固定；（b）螺栓固定

1—支架；2—预埋件；3—混凝土墙体；4—螺栓

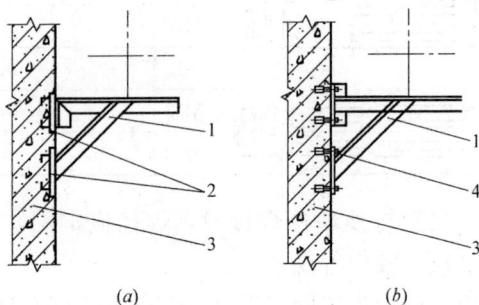

图 8-9 斜支撑型支架示意

（a）预埋件焊接固定；（b）螺栓固定

1—支架；2—预埋件；3—混凝土墙体；4—螺栓

钢、槽钢等型钢制作，与地面或支座用螺栓固定牢固，如图8-10所示。

支、吊架采用一端固定，一端悬吊方式时，悬臂采用角钢或槽钢，吊杆可采用圆钢、角钢或槽钢，吊架根部采用钢板、角钢、槽钢。悬臂与柱、墙固定，吊架与楼板或梁固定，如图8-11所示。

悬吊架安装在混凝土梁、楼板下时，吊架根部采用钢板、角钢或槽钢，吊杆采用圆钢、角钢或槽钢，横担采用角钢或槽钢。

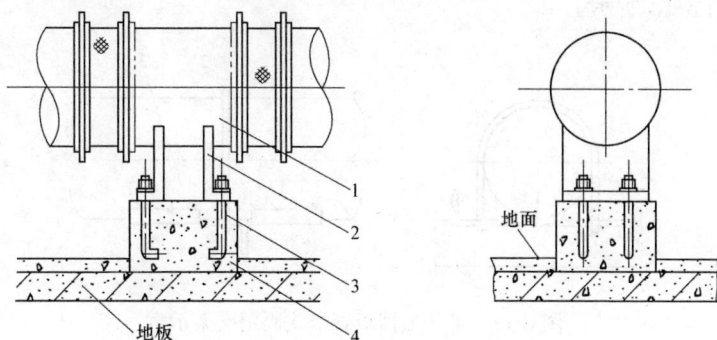

图 8-10　支撑型支架示意

1—管道或设备；2—支架；3—地脚螺栓；4—混凝土支座

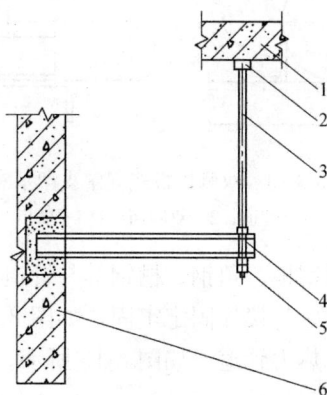

图 8-11　支架一端固定一端悬吊安装示意

1—楼板；2—吊架根部；3—吊杆；4—槽钢；

5—螺母；6—混凝土墙体

3. 固定支架、滑动支架

管道固定支架应设置在管道上不允许有位移的位置，应有足够的强度和承受力；固定支架的设置应经过设计核算，其设置结构形式、安装位置应符合设计要求及相关标准的规定，固定支架可采用带弧形挡板的管卡式、双侧挡板式等形式，如图 8-12 和

图 8-13 所示。

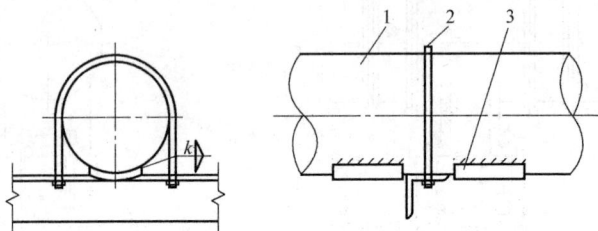

图 8-12　带弧形挡板管卡式固定支架示意

1—管道；2—管卡；3—弧形挡板

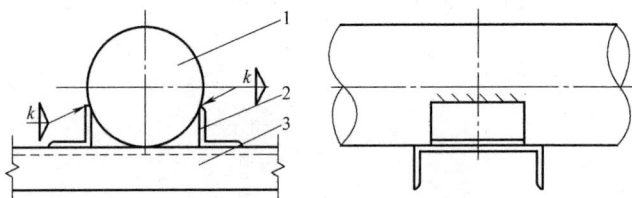

图 8-13　双侧挡板式固定支架示意

1—管道；2—双侧挡板；3—横担

固定支架采用钢板、角钢、槽钢等与管道固定牢固。管道穿楼板时，固定支架应与楼板固定牢固，如图 8-14 所示。

滑动支架用于热力管道，如图 8-15 所示。

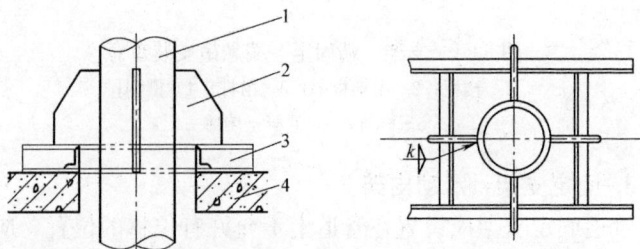

图 8-14　穿楼板管道固定支架示意

1—管道；2—支架翼板；3—槽钢；4—楼板

4. 导向支架、防晃支架

导向支架是在滑动支架两侧的支架横梁上，每侧焊制一块导向板，导向板采用扁钢或角钢制作，如图 8-16 所示。扁钢导向板的高度宜为 30mm，厚度宜为 10mm；角钢规格宜为∟ 40×5。导向板的长度与支架横梁的宽度相同，导向板与滑动支架间应有 3mm 的间隙。

防晃支架不因管道或设备的位移而产生晃动，吊架采用角钢或槽钢制作，与吊架根部和横担焊接牢固。防晃支架用于支撑风管和水管，风管防晃支架，如图 8-17 所示。

5. 双管和多管道支、吊架

风管双管和多管道支、吊架采用悬吊型，风管布置一般为水平和垂直方向，如图 8-18 和图 8-19 所示。

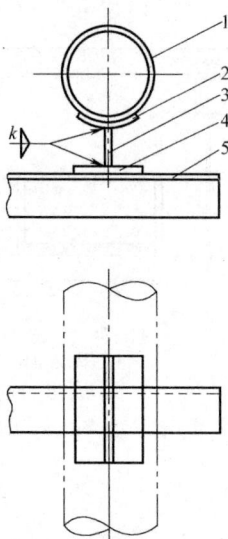

图 8-15　滑动支架示意

1—管道；2—弧形板；3—支承板；
4—滑动板；5—角钢横担

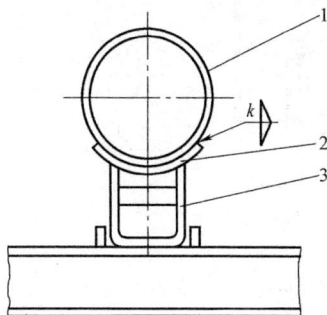

图 8-16　导向支架示意图

1—管道；2—弧形板；3—曲面板

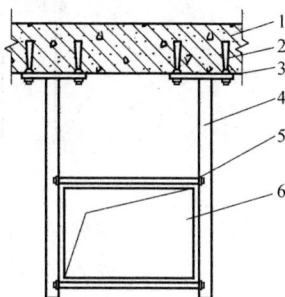

图 8-17　风管防晃支架示意

1—楼板；2—膨胀螺栓；3—钢板；
4—导向板；5—槽钢横梁；6—风管

107

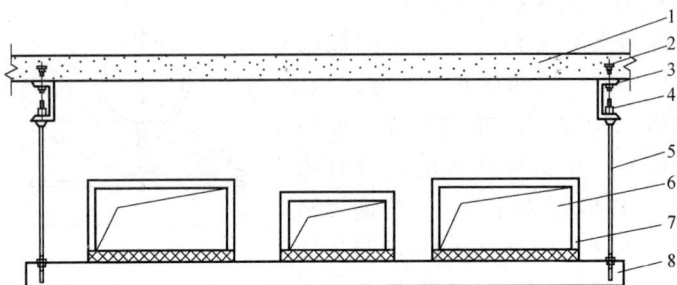

图 8-18　平布置多风管共用吊架示意

1—楼板；2—膨胀螺栓；3—槽钢；4—螺母；5—吊杆；

6—风管；7—绝热材料；8—横担

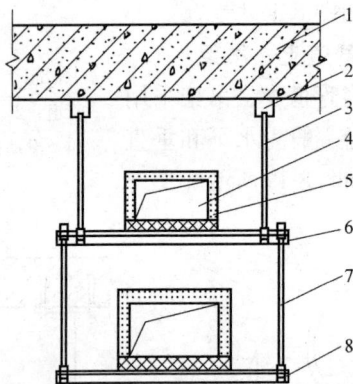

图 8-19　垂直布置双风管吊架示意

1—楼板；2—吊架根部；3—吊杆1；4—风管；

5—绝热层；6—角钢1；7—吊杆2；8—角钢2

　　水管双管和多管的支、吊架采用悬臂型、斜支撑、悬吊型，如图 8-20 和图 8-21 所示。共用支、吊架的承载、材料规格须经校核计算。

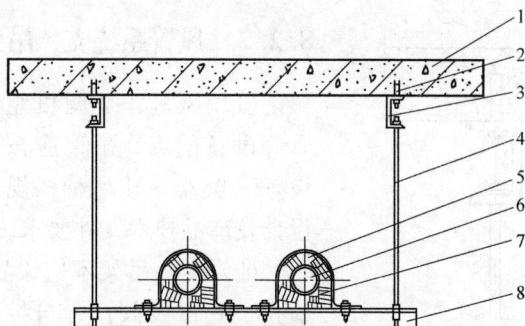

图 8-20　水管双管道共用悬吊架示意

1—楼板；2—膨胀螺栓；3—槽钢；4—吊杆　5—管卡；
6—水管；7—木托；8—横担

8.2.6　管道与支、吊架之间的固定

　　管道与支、吊架之间可采用 U
形管卡或吊环固定。圆形风管、水管
道及制冷剂管道采用横担支撑时，用
扁钢、圆钢制作 U 形管卡，U 形管
卡与横担采用螺栓固定，如图 8-22
所示；保温水管在支架与 U 形管卡
间设绝热衬垫。管道与支、吊架之间
采用吊环固定时，吊环与吊杆的连接
螺栓固定牢固，如图 8-23 所示。

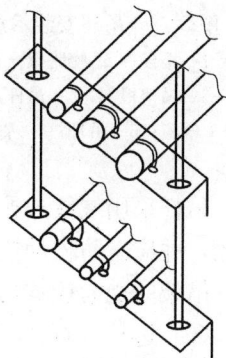

图 8-21　水管多管道垂直分
层共用悬吊架示意

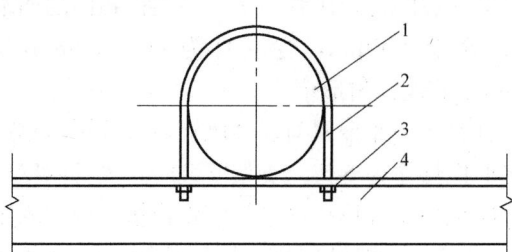

图 8-22　U 形管卡安装示意

1—管道；2—U 形管卡；3—螺栓；4—横担

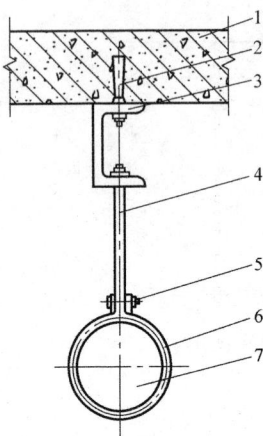

图 8-23 吊环安装示意

1—楼板；2—膨胀螺栓；

3—吊架根部；4—吊杆；

5—螺栓；6—吊环；7—管道

8.2.7 风管系统支、吊架的安装

（1）风机、空调机组、风机盘管等设备的支、吊架应按设计要求设置隔振器，其品种、规格应符合设计及产品技术文件要求。

（2）支、吊架不应设置在风口、检查口处以及阀门、自控机构的操作部位，且距风口不应小于 200mm。

（3）圆形风管 U 形管卡圆弧应均匀，且应与风管外径相一致。

（4）支、吊架距风管末端不应大于 1000mm，距水平弯头的起弯点间距不应大于 500mm，设在支管上的支吊架距干管不应大于 1200mm。

（5）吊杆与吊架根部连接应牢固。吊杆采用螺纹连接时，拧入连接螺母的螺纹长度应大于吊杆直径，并应有防松动措施。吊杆应平直，螺纹完整、光洁。安装后，吊架的受力应均匀，无变形。

（6）边长（直径）大于或等于 630mm 的防火阀宜设独立的支、吊架；水平安装的边长（直径）大于 200mm 的风阀等部件与非金属风管连接时，应单独设置支、吊架。

（7）水平安装的复合风管与支、吊架接触面的两端，应设置厚度大于或等于 1.0mm，宽度宜为 60～80mm，长度宜为 100m～120mm 的镀锌角形垫片。

（8）垂直安装的非金属与复合风管，可采用角钢或槽钢加工成"井"字形抱箍作为支架。支架安装时，风管内壁应衬镀锌金属内套，并应采用镀锌螺栓穿过管壁将抱箍与内套固定。螺孔间距不应大于 120mm，螺母应位于风管外侧。螺栓穿过的管壁处应进行密封处理。

（9）消声弯头或边长（直径）大于 1250mm 的弯头、三通等应设置独立的支、吊架。

（10）长度超过 20m 的水平悬吊风管，应设置至少 1 个防晃支架。

（11）不锈钢板、铝板风管与碳素钢支、吊架直接接触时，在潮湿环境中会发生电化学反应，碳素钢会迅速腐蚀，因此不锈钢板、铝板风管与碳素钢支、吊架之间要采取电绝缘措施。可采用加衬垫的方法，使支、吊架与风管隔开。衬垫可采用 3～5mm 的橡胶垫或 10～20mm 的木托。

8.2.8 调整和固定

支、吊架安装后，应按管道坡向对支、吊架进行调整和固定，支、吊架纵向应顺直、美观。

9 风管与部件安装

9.1 风管检验与连接密封

9.1.1 风管进场检验

（1）外观：外表面无粉尘，管内无杂物；金属风管不应有变形、扭曲、开裂、孔洞、法兰脱落、焊口开裂、漏铆、缺孔等缺陷。非金属风管与复合风管表面平整、光滑、厚度均匀，无毛刺、气泡、气孔、分层，无扭曲变形及裂纹等缺陷。

（2）加工质量：风管与法兰翻边应平整、长度一致，四角没有裂缝，断面应在同一平面；法兰与风管管壁铆接应严密牢固，法兰与风管应垂直；法兰螺栓孔间距符合要求，螺栓孔应能互换。硬聚氯乙烯风管焊接不应出现焦黄、断裂等缺陷，焊缝应饱满、平整。

（3）非金属风管包括无机玻璃钢风管和硬聚氯乙烯风管，宜采用成品风管，成品风管在进场时，应检查其合格证或强度及严密性等技术性能证明资料。

无机玻璃钢风管外购预制成品应按有关标准要求制作，并标明生产企业名称、商标、生产日期、燃烧性能等级等标记。现场组装前验收时，重点检查表面裂纹、四角垂直度、法兰螺栓孔间距与定位尺寸等内容。

（4）风管安装的附属材料有：连接材料、垫料、焊接材料、防腐材料、型钢等，应检查规格、型号、生产时间、防火性能等满足施工要求，与风管材质匹配，并应符合相关标准规定。

9.1.2 风管连接密封

1. 风管密封材料选用

风管密封材料应按其输送介质及工作温度选用，并能满足系统功能技术条件、对风管的材质无不良影响，并具有良好气密性能的材料。风管法兰垫料种类和特性应符合表 9-1 的规定。

风管法兰垫料种类和特性　　　　表 9-1

种类	燃烧性能	主要基材耐热性能
玻璃纤维类	不燃 A 级	300℃
陶瓷类	不燃 A 级	600℃
氯丁橡胶类	难燃 B₁ 级	100℃
异丁基橡胶类	难燃 B₁ 级	80℃
丁腈橡胶类	难燃 B₁ 级	120℃
聚氯乙烯	难燃 B₁ 级	100℃
硅胶制品	难燃 B₁ 级	225℃
8501 密封胶带	难燃 B₁ 级	80℃
橡胶石棉垫	不燃 A 级	

2. 法兰垫料选用与连接密封

（1）当设计无要求时，法兰垫料可按下列规定使用：

1）法兰垫料厚度宜为 3～5mm。

2）输送温度低于 70℃的空气，可用橡胶板、闭孔海绵橡胶板、密封胶带或其他闭孔弹性材料。

3）输送温度高于 70℃的空气或烟气时，应根据介质及工作温度采用耐高温的材料（如耐热橡胶板）或不燃等耐热、防火的材料密封。排烟系统应采用不燃、耐高温的防火材料密封。

4）输送含有腐蚀性介质的气体，应根据介质特性采用耐酸橡胶板、软聚氯乙烯板或硅胶带（圈）。

5）净化空调系统风管的法兰垫料应为不产尘、不易老化、具有一定强度和弹性的材料，厚度为 5～8mm。

（2）法兰垫料应减少拼接，接头连接应采用阶梯形或榫形方式。法兰垫料不应凸入管内或凸出法兰外。

法兰垫料采用对接接口和阶梯形接口，如图 9-1 所示。应在对接部位涂密封胶。

洁净空调系统风管的法兰垫料接口应采用阶梯形或榫形，如图 9-2 所示，并应涂密封胶。

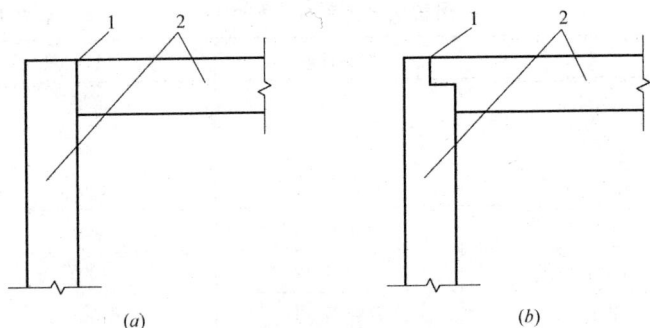

图 9-1 法兰垫料接头示意

（a）对接接口；（b）阶梯接口

1—密封胶；2—法兰垫料

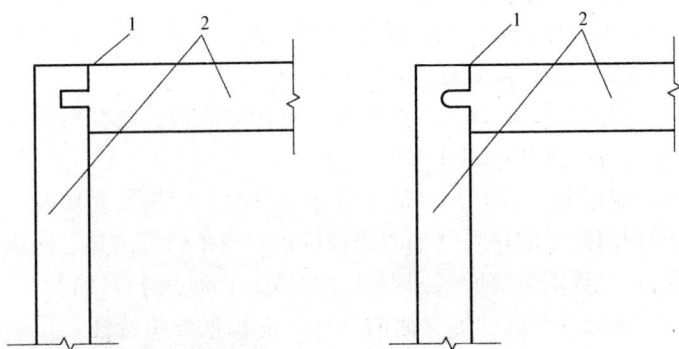

图 9-2 法兰垫料榫形接头密封示意

1—密封胶；2—法兰垫料

（3）薄钢板组合式法兰风管的法兰垫片厚度不宜大于 3mm。法兰角件连接处应进行密封。

（4）法兰连接采用密封胶带的操作步骤如下。

1）将风管法兰表面的异物和积水清理掉。

2）从法兰一角开始粘贴胶带，胶带端头应略长于法兰，如图 9-3（a）所示。

3）沿法兰均匀平整地粘贴，并在粘贴过程中用手将其按实，不得脱落，接口处要严密，各部位均不得凸入风管内，如图 9-3（b）所示。

4）沿法兰粘贴一周后与起端交叉搭接，剪去多余部分，如图 9-3（c）所示。

5）剥去隔离纸。

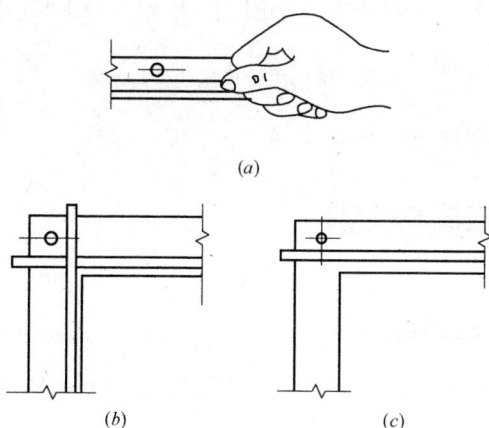

（a）

（b）   （c）

图 9-3　法兰连接用密封胶带的操作步骤

3. 风管的连接密封

（1）金属风管连接的密封方式，如图 9-4、图 9-5 所示。

（2）非金属风管采用 PVC 或铝合金插条法兰连接，应对四角连接处或漏风缝隙处进行密封处理。玻璃纤维板风管采用板材自有的子母口榫接，缝隙处插接密封。

（3）风管密封胶应设置在风管正压侧。密封材料应符合通风

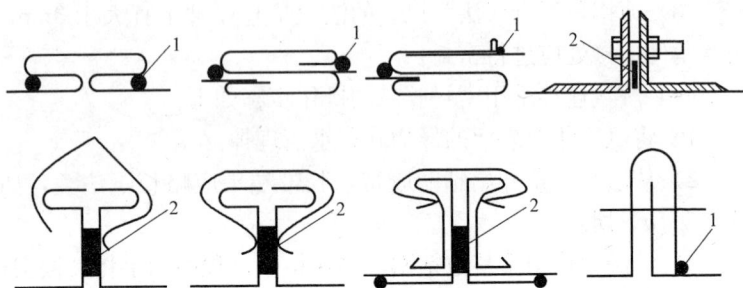

图 9-4　矩形风管连接的密封示意

1—密封胶；2—密封垫

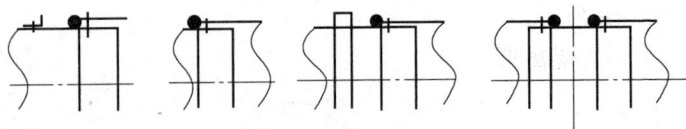

图 9-5　圆形风管连接的密封示意

介质以及外部环境的要求。

9.2　金属风管安装

9.2.1　安装准备

风管安装前，应先对其安装部位进行测量放线，确定管道中心线位置。

风管安装前（即风管已经运输到布置的地面或楼面时），应检查风管有无变形、划痕等外观质量缺陷，风管规格应与安装部位对应，送风管、回风管因正压与负压的区别而采取不同的加固方式，应核实待安装的风管与安装部位是否对应，满足施工图要求。

9.2.2　风管支吊架的安装

风管支吊架的安装参见上述8.2中的有关内容。

9.2.3 管段组合连接

1. 一般规定

（1）风管组合连接时，应先将风管管段临时固定在支、吊架上，然后调整高度，达到要求后再进行组合连接。

（2）风管和部件按照草图编号组对，复核无误后即可将风管连接成管段。风管管段的连接长度，应按风管的壁厚、法兰与风管的连接方法、安装部位和吊装方法等因素决定。

（3）风管穿过楼板及墙体时，各连接接口距墙或楼板要有一定的距离，其距离远近应以不影响施工操作为宜；风阀及三通等部件的连接接口，严禁安装在墙体或楼板内，是为了以后便于维修拆卸，其他风管接口未做规定；风管敷设距墙体或楼板的距离应按设计要求。

（4）金属矩形风管连接宜采用角钢法兰连接、薄钢板法兰连接、C形或S形插条连接、立咬口等形式；金属圆形风管宜采用角钢法兰连接、芯管连接。风管连接应牢固、严密。

2. 角钢法兰连接

（1）连接要求

1）角钢法兰的连接螺栓应均匀拧紧，螺母宜在同一侧。

2）不锈钢风管法兰的连接，宜采用同材质的不锈钢螺栓。采用普通碳素钢螺栓时，应按设计要求喷涂涂料。

3）铝板风管法兰的连接，应采用镀锌螺栓，并在法兰两侧加垫镀锌垫圈。

4）安装在室外或潮湿环境的风管角钢法兰连接，应采用镀锌螺栓和镀锌垫圈。

（2）风管壁厚小于或等于 1.2mm 时，可用铆钉将法兰固定再进行翻边。风管套入法兰，检查调整法兰，合格后用两个铆钉固定法兰，将风管翻转 180°用同样方法固定法兰另一面。检查调整风管，矩形风管对角线应相等，然后铆好其余铆钉，法兰固定后翻边。金属风管壁厚大于 1.2mm，风管与角钢法兰连接可采用焊接；为使法兰面平整，风管应缩进法兰 4~5mm，同样可以先焊两点固定法兰，法兰检查调整合格后，再进行满焊。

（3）法兰与风管连接时，在固定法兰前应检查调整法兰角度，使法兰与风管中心线垂直。检查、连接应在平台上操作，方便检查调整法兰角度，如图 9-6 所示。

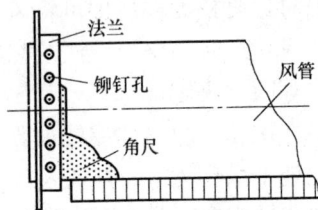

图 9-6 法兰角度检查

金属风管另一端法兰连接时，除检查调整法兰角度，还应用直尺检查两个法兰是否平行，合格后再固定法兰。

（4）法兰螺栓安装时，把两个法兰先对正，能穿过螺栓的螺孔先穿上螺栓，并带上螺母，但不要上紧，然后用撬棍，塞到穿不上螺栓的螺孔中，把两个法兰的螺孔校正，穿上螺栓。为了避免螺纹滑扣，上螺母时不要一个接一个顺序拧紧，而应对称交叉逐步均匀地拧紧。拧紧后的法兰，其厚度差不要超过 2mm。螺母应在法兰的同一侧。连接好的风管，可把两端的法兰作为基准点，以每副法兰为测点，拉线检查风管的连接是否平直。

3. 薄钢板法兰连接

（1）连接要求

1）风管四角处的角件与法兰四角接口的固定应稳固、紧贴、端面平整，相连处不应有大于 2mm 的连续通缝。

2）法兰端面粘贴密封胶条并紧固法兰四角螺栓后，方可安装插条或弹簧夹、顶丝卡。弹簧夹、顶丝卡不应松动。

3）薄钢板法兰风管的弹性插条、弹簧夹或紧固螺栓应分布均匀，无松动现象，间距不应大于 150mm，最外端的连接件距风管边缘不应大于 100mm。

4）弹簧夹宜采用正反交叉固定方式；不同连接方式不得混合使用。

5）组合式薄钢板法兰与风管管壁的组合，应调整法兰口的平面度后，再将法兰条与风管铆接（或本体铆接）。

（2）可采用翻边连接，套入法兰使风管端露出翻边量。在风管端先敲出几点固定法兰，然后检查法兰角度，使法兰平面与风管中心线垂直，如不垂直可用翻边量调整，合格后将翻边均匀打平，咬口重叠突出部分用錾子铲平。

（3）法兰螺栓安装操作同上。

4. 插条式连接

矩形风管连接端部轧轧成平折咬口，将两端合拢，用插条插入，然后压实就行了。有折耳的插条在风管转角处把折耳拍弯，插入相邻的插条。当风管较长时，插条需要对接时，也可以将折耳插入另一根对接的插条中。

（1）C形、S形插条应采用专业机械轧制，如图9-7所示。

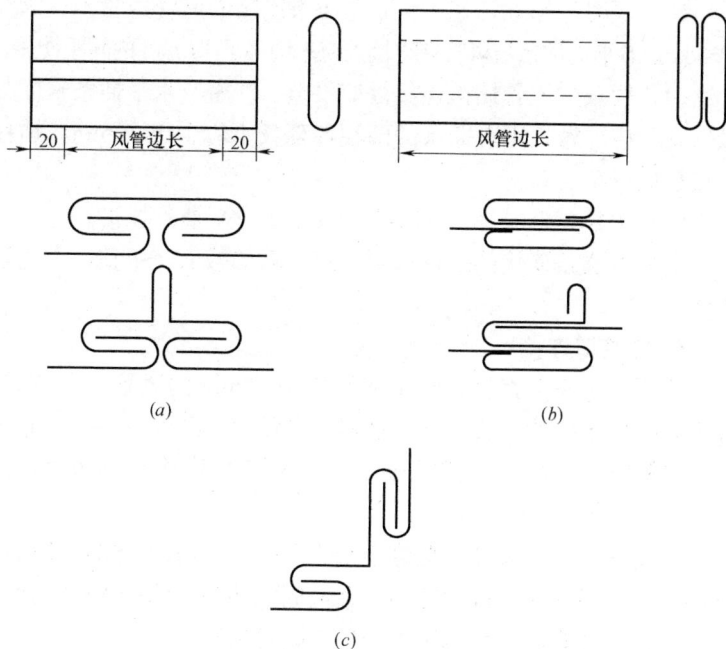

图 9-7　矩形风管 C 形和 S 形插条形式示意

（a）C形平（立）插条；（b）S形平（立）插条；（c）C形直角插条

C形、S形插条与风管插口的宽度应匹配，C形插条的两端延长量宜大于或等于20mm。

（2）采用C形平插条、S形平插条连接的风管边长不应大于630mm。S形平插条单独使用时，在连接处应有固定措施。C形直角插条可用于支管与主干管连接。

C形平插条连接，应先插入风管水平插条，再插入垂直插条，最后将垂直插条两端延长部分，分别折90°封压水平插条。

利用C形插条插入端头翻边180°的两风管连接部位，将风管扣咬达到连接的目的，其中插条插入风管两对边和风管接口相等，另两对边各长50mm左右，使这两长边每头翻压90°，盖压在另一插条端头上，完成矩形风管的四个角定位，并用密封胶将接缝处堵严。这种连接方式多用于矩形风管。

（3）采用C形立插条、S形立插条连接的风管边长不宜大于1250mm。S形立插条与风管壁连接处应采用小于150mm的间距铆接。

（4）插条与风管插口连接处应平整、严密。水平插条长度与风管宽度应一致，垂直插条的两端各延长不应少于20mm，插接完成后应折角。

（5）铝板矩形风管不宜采用C形、S形平插条连接。

（6）平插条连接的矩形风管，连接后的板面应平整、无明显弯曲。

5. 立咬口连接

适用于边长（直径）小于或等于1000mm的风管。立咬口、包边立咬口连接的风管，同一规格风管的咬口高度应一致。紧固螺丝或铆钉间距应小于或等于150mm；四角连接处应铆固长度大于60mm的90°贴角。

连接时应先将风管两端翻边制作小边和大边的咬口，然后将咬口小边全部嵌入咬口大边中，并应固定几点，检查无误后进行整个咬口的合缝，在咬口接缝处应涂抹密封胶。

6. 芯管连接

先制作连接短管，连接短管与风管的结合面应涂胶密封。连接短管与两侧风管应采用自攻螺丝或铆钉紧固，间距宜为100～120mm。

带加强筋时，在连接短管1/2长度处应冲压一圈 ϕ8mm 的凸筋，直径小于700mm的低压风管可不设加强筋。

9.2.4 风管及配件组配

1. 弯头与法兰连接

弯头与法兰连接方式应根据弯头的材质、板厚情况而定，可采用翻边、铆接或焊接方式。连接前，应检查弯头和法兰的质量、口径尺寸，合格后方可进行组装连接。将弯头平放在平台上先安装固定一端法兰，方法与风管法兰连接的方法相同，然后如图9-8所示，将弯头立放在平台上，套入另一端法兰，用角尺或线锤检查弯头的角度；角度不正确时，可以用调整法兰位置对角度进行修正，然后固定法兰。连接法兰时还应按图纸要求将弯管方向找正，做好标记后再进行固定法兰，避免支管因角度不对而返工。

2. 三通与法兰连接

三通与法兰连接应根据三通的材质、板厚情况，可采用翻边、铆接或焊接方式连接。连接前，应检查三通和法兰的质量、口径尺寸，合格后方可进行组装连接。将三通立放在平台上，大口端在上边，套入法兰，用水平尺检查调整法兰，合格后做好法兰位置标记固定法兰，然后大口放在平板上，将成品弯管与三通小口法兰临时连接，用角尺或线锤检查，如图9-9所示。

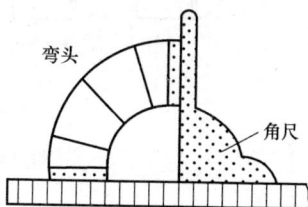

图 9-8 弯头角度检查

弯管的角度，角度不正确时，调整小口法兰位置对角度进行修正，合格后做好标记，取下弯管将法兰固定。三通连接法兰时还应按图纸要求将三通支管方向找正，做好标记后再进行固定法兰，避免支管因角度不对而返工。

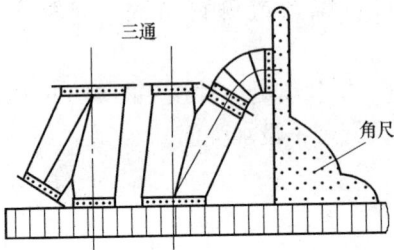

图 9-9　三通角度检查

3. 直管段组配

风管、弯管、三通等配件与法兰连接后，按加工草图将一个系统相邻的三通或弯管临时连接，量出两个三通中心实际距离 L_2' 与加工图要求距离 L_2 之差为直管长度 L_2''

$(L_2''=L_2-L_2')$，如图 9-10 所示。

同样求出 L_1'' 和 L_3''。得出直管长度后，应按长度加工或修改风管，使其符合要求。组配好的风管及配件按规定进行外部加固、编号，按设计要求安装测量孔。

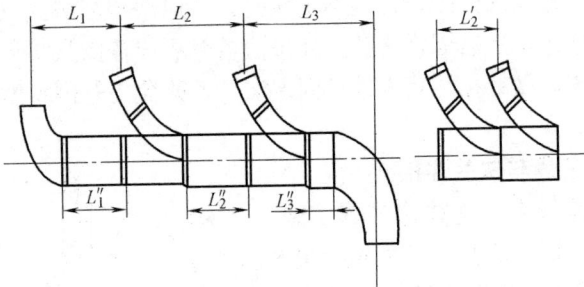

图 9-10　风管组配

9.2.5　支风管与主风管连接

边长小于或等于 630mm 的支风管与主风管连接应符合下列规定：

（1）如图 9-11（a）所示，S 形直角咬接支风管的分支气流内侧应有 30°斜面或曲率半径为 150mm 的弧面，连接四角处应进行密封处理。

（2）如图 9-11（b）所示，联合式咬接连接四角处应作密封处理。

（3）如图 9-11（c）所示，法兰连接主风管内壁处应加扁钢垫，连接处应密封。

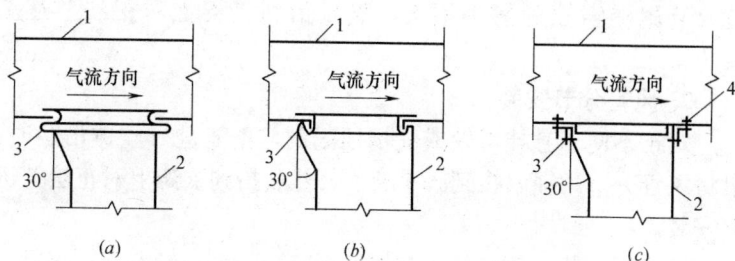

图 9-11　支风管与主风管连接方式

（a）S 形直角咬接；（b）联合式咬接；（c）法兰连接

1—主风管；2—支风管；3—接口；4—扁钢垫

9.2.6　风管整体吊装与分节安装

风管安装根据施工现场情况，可以在地面连成一定的长度，然后采用吊装的方法就位；也可以采用分节安装的方法。

1. 多节风管组后整体吊装

多节风管组后整体吊装。这是一种将在地面上连接好的，连接长度在 10～20m 左右的风管，用倒链或滑轮将风管升至吊架上的方法。风管吊装步骤：

（1）首先应根据现场具体情况，对安装好的支、吊、托架进一步检查，看其位置是否正确，强度是否可靠。并在梁、柱上选择两个以上可靠的吊点，然后挂好倒链或滑轮。

（2）用绳索将风管捆绑结实。塑料风管、玻璃钢风管如需整体吊装时，绳索不得直接捆绑在风管上，应用长木板托住风管底部，四周应有软性材料做垫层，方可起吊。

（3）起吊时，当风管离地面 200～300mm 时，应停止起吊，仔细检查倒链和滑轮受力点或捆绑风管的绳索，绳扣是否牢靠，风管的重心是否正确，调整好，没问题后，再继续起吊。

（4）风管放在支、吊架上后，将所有托板和吊杆连接好，确定风管稳固好后，才可以解开绳扣。进行下一段风管的安装。对于不便于悬挂滑轮或受场地限制，不能进行整体吊装时，可将风管分节用绳索拉到脚手架上，然后抬到支架上对正法兰逐节安装。

2. 风管分节安装

对于不便于悬挂滑轮或受场地限制，不能进行整体吊装时，可将风管分节用绳索拉到脚手架上，然后抬到支架上对正法兰逐节安装。

把风管一节一节地放在支架上逐节连接。一般安装顺序是先干管后支管。竖风管的安装一般是由下至上进行。

9.2.7 金属风管外敷防火板安装

（1）在板与板结合的缝隙处、管段与管段的拼接缝隙处，应涂抹板材生产厂商认可的专用防火密封胶。

（2）U形轻钢龙骨固定在金属风管的外侧，防火板与U型轻钢龙骨连接，均采用自攻螺钉。金属风管外敷防火板，安装如图 9-12 所示；角部连接如图 9-13 所示。

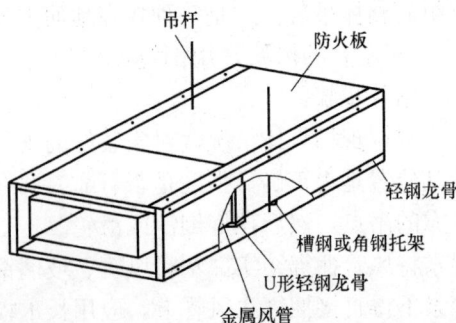

图 9-12　金属风管外敷防火板

（3）风管与设备、风阀等连接时，宜采用角钢法兰。两法兰之间应使用密封性能良好、有一定弹性且符合防火极限要求的垫料。

（4）防火板外侧应单独设置吊托架，其间距可参照风管吊托架间距；风管垂直安装，至少有 2 个固定点，支架间距不应大于 2.4m。

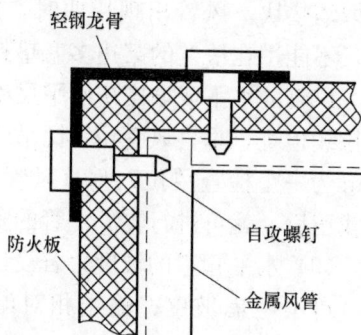

图 9-13　角部连接图

9.2.8　风管穿出屋面防雨渗漏措施

风管穿出屋面的防雨罩应设置在建筑结构预制的挡水圈外侧，使雨水不能沿壁面渗漏到屋内。

风管穿出屋面处应设防雨装置，风管与屋面交接处应有防渗水措施，如图 9-14 所示。

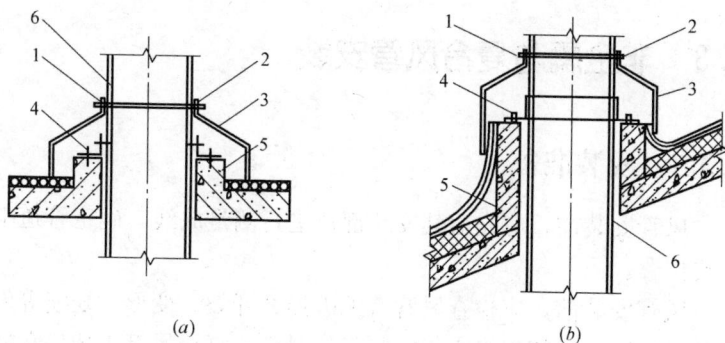

图 9-14　风管穿屋面防雨渗漏装置示意
（a）风管穿过平屋面；（b）风管穿过坡屋面
1—卡箍；2—防水材料；3—防雨罩；4—固定支架；5—挡水圈；6—风管

9.2.9　风管调整和检查

（1）风管安装后应进行调整，风管应平正，支、吊架顺直。

（2）水平安装的风管可以用吊架上的调节螺栓来找正水平。有保温垫块的风管允许用垫块的厚薄来稍许调整。但不能因调整

125

而取消垫块。风管出现扭曲时，只能用重新装配法兰的办法调整，不能用在法兰的某边多塞垫料的办法来调整。

风管的水平或坡度用水平尺检查。风管连接的平直情况用线绳拉线检查，垂直风管用线锤吊线的办法检查。水平风管一般以 10m 为一个检查单位，垂直风管可以每层为单位。水平干管找平找正后，就可进行支、立管的安装。

（3）水平管道的坡度，若设计无规定，输送正常温度的空气时，可不考虑坡度；输送相对湿度大于 60% 的空气时，应有 1%～7.5% 的坡度，坡向排水装置。

（4）输送易产生冷凝水空气的风管，应按设计要求的坡度安装。风管底部不宜设纵向接缝，如有接缝应做密封处理。

（5）钢板风管与砖、混凝土风道的插接应顺气流方向，风管插入端与风道表面应平齐，并应进行密封处理。

9.3　非金属与复合风管安装

9.3.1　安装准备

风管安装前，应先对其安装部位进行测量放线，确定管道中心线位置。

风管安装前，应检查风管有无破损、开裂、变形、划痕等外观质量缺陷，风管规格应与安装部位对应，复合风管承插口和插接件接口表面应无损坏。

9.3.2　支吊架安装

风管支吊架的安装参见 8.2 中相关内容。

9.3.3　风管连接

复合风管连接宜采用承插阶梯粘接、插件连接或法兰连接。风管连接应牢固、严密。风管预制的长度不宜超过 2800mm。

1. 承插阶梯粘接

插接连接时，应逐段顺序插接，在插口处涂专用胶，并应用自攻螺钉固定。

如图 9-15 所示，承插阶梯粘接时，应根据管内介质流向，上游的管段接口应设置为内凸插口，下游管段接口为内凹承口，且承口表层玻璃纤维布翻边折成 90°，可以防止内层被迎风吹起脱落。

清扫粘接口结合面，在密封面连续、均匀涂抹胶粘剂，晾置一定的时间（一般晾置几分钟至数十分钟），使胶粘剂中的溶剂大部分挥发，有利于提高初粘力将承插口粘合；然后清理连接处挤压出的余胶，并进行临时固定。

在外接缝处应采用扒钉加固，间距不宜大于 50mm，并用宽度大于或等于 50mm 的压敏胶带沿接合缝两边宽度均等进行密封，也可采用电熨斗加热热敏胶带粘接密封，铝箔热敏胶带熨烫面设有感温色点，当热敏铝箔上带色光点全部变成黑灰色即可停止加热。

临时固定应在风管接口牢固后才能拆除。

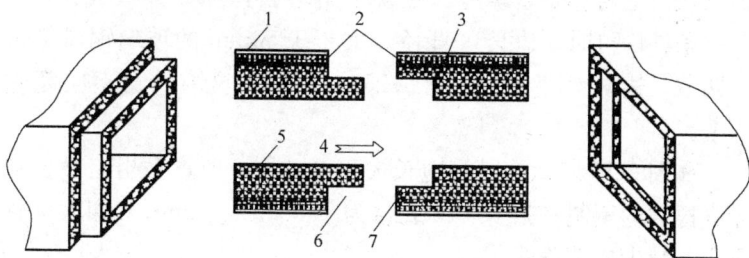

图 9-15　承插阶梯粘接接口示意

1—铝箔成玻璃纤维布；2—结合面；3—玻璃纤维布 90°折边；
4—介质流向；5—玻璃纤维布；6—内凸插口；7—内凹承口

2. 错位对接粘接

刚性较大的板材制作的风管宜采用错位对接粘接，如图9-16所示。操作时，应先将风管错口连接处的保温层刮磨平整，然后试装，贴合严密后涂胶粘剂，提升到支、吊架上对接，其他安装要求同承插阶梯粘接。

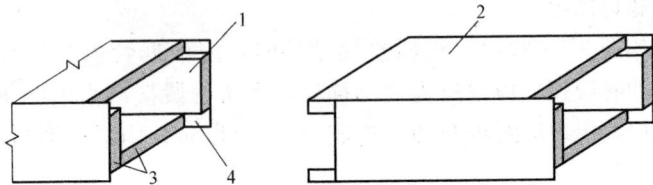

图 9-16 错位对接粘接示意
1—垂直板；2—水平板；3—涂胶粘剂；4—预留表面层

3. 工形插接连接

工形插接连接时，应先在风管四角横截面上粘贴镀锌板直角垫片，然后涂胶粘剂粘接法兰，胶粘剂凝固后，插入工形插件，最后在插条端头填抹密封胶，四角装入护角。

法兰连接时，人工作业应以单节形式提升管段至安装位置，防止用力不均匀导致风管损坏。在支、吊架上临时定位，侧面插入密封垫料，套上带镀锌垫圈的螺栓，检查密封垫料无偏斜后，做两次以上对称旋紧螺母，并检查间隙均匀一致。

条件许可时，边长（直径）大于 1250mm 的玻璃钢风管可吊两节，边长（直径）小于 1250mm 的玻璃钢风管不应超过三节。

如图 9-17 所示，风管边长大于 2000mm 时，横担上设置宽于支撑面的钢制垫板（一般规格为 100mm×1.2mm）加大接触面积，减少局部负载。

4. PVC 及铝合金插件连接

空调风管采用 PVC 及铝合金插件连接时，应采取防冷桥措施。在 PVC 及铝合金插件接口凹槽内可填满橡塑海绵、玻璃纤维等碎料，应采用胶粘剂粘接在凹槽内，碎料四周外部应采用绝热材料覆盖，绝热材料在风管上搭接长度应大于 20mm。中、高压风管的插接法兰之间应加密封垫料或采取其他密封措施。

128

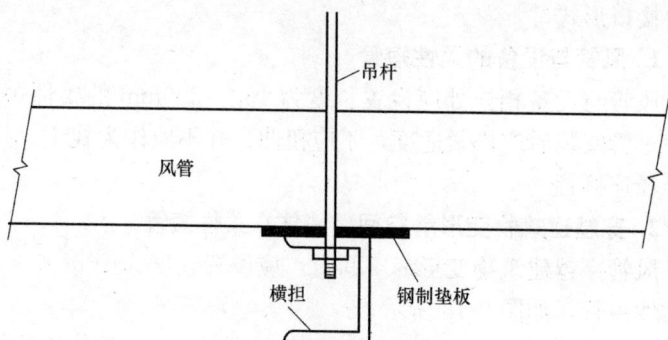

图 9-17 钢制垫板使用示意图

9.3.4 矩形风管主管与支管连接

矩形风管主管与支管连接处应加设加强板，加强板的厚度应与主风管一致；从矩形主风管接圆形干支管则应采用 45°板立焊加固。

9.3.5 风管吊装就位

参见 8.2 中相关内容。

9.3.6 风管穿出屋面防雨渗漏措施

参见 8.2 中相关内容。

9.3.7 风管调整和检查

风管安装后应进行调整，风管平正，支、吊架顺直。具体操作参见 9.2 中相关内容。

9.4 风管部件安装

9.4.1 软接风管安装

软接风管包括柔性短管和柔性风管，柔性短管的安装宜采用法兰接口形式。

1. 风管与设备的柔性短管

风管与设备相连处应设置长度为 150～300mm 的柔性短管，柔性短管安装后应松紧适度，不应扭曲，并不应作为找正、找平的异径连接管。

2. 穿越建筑物变形缝空间（墙体）柔性短管

风管穿越建筑物变形缝空间时，应设置长度为 200～300mm 的柔性短管，如图 9-18 所示。

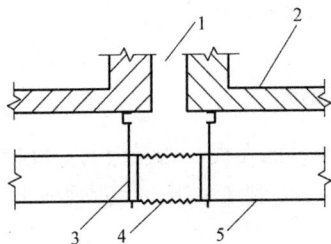

图 9-18　风管过变形缝空间的安装示意

1—变形缝；2—楼板；3—吊架；
4—柔性短管；5—风管

风管穿越建筑物变形缝墙体时，应设置钢制套管，风管与套管之间应采用柔性防水材料填塞密实。

如图 9-19 所示，穿越建筑物变形缝墙体的风管两端外侧应设置长度为 150～300mm 的柔性短管，柔性短管距变形缝墙体的距离宜为 150～200mm，柔性短管的保温性能应符合风管系统功能要求。

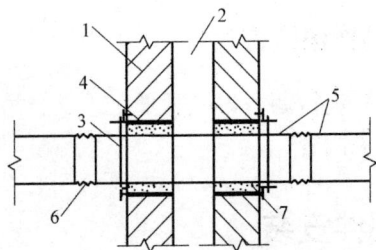

图 9-19　风管穿越变形缝墙体的安装示意

1—墙体；2—变形缝；3—吊架　4—钢制套管；5—风管；
6—柔性短管；7—柔性防水填充材料

3. 柔性短管安装要求

（1）柔性风管连接应顺畅、严密。

（2）金属圆形柔性风管与风管连接时，宜采用卡箍（抱箍）连接柔性风管的插接长度应大于 50mm。当连接风管直径小于或等于 300mm 时，宜用不少于 3 个自攻螺钉在卡箍紧固件圆周上均布紧固；当连接风管直径大于 300mm 时，宜用不少于 5 个自攻螺钉紧固。卡箍（抱箍）连接，如图 9-20 所示。

（3）柔性风管转弯处的截面不应缩小，弯曲长度不宜超过 2m，弯曲形成的角度应大于 90°。

4. 柔性风管安装

柔性风管安装时长度应小于 2m，并不应有死弯或塌凹。

柔性风管支、吊架的最大间距宜小于 1500mm 风管在支架间的最大允许垂度宜小于 40mm/m。

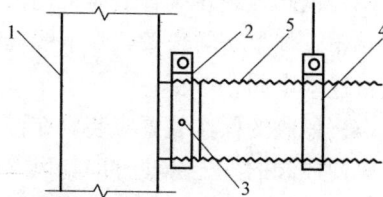

图 9-20　卡箍（抱箍）连接示意
1—主风管；2—卡箍；3—自攻螺钉；
4—抱箍吊架；5—柔性风管

柔性风管的吊卡箍宽度应大于 25mm。卡箍的圆弧长应大于 1/2 周长且与风管贴合紧密。柔性风管外保温层应有防潮措施，吊卡箍可安装在保温层上。柔性风管吊环安装，如图 9-21 所示。

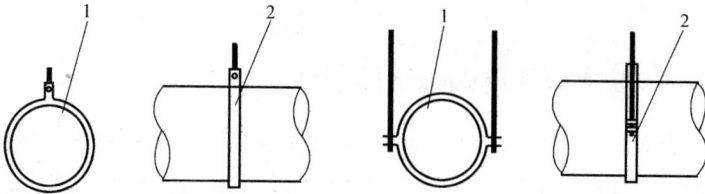

图 9-21　柔性风管吊环安装
1—风管；2—吊环或抱箍

9.4.2　一般风阀安装

一般风阀通常有启动阀、蝶阀、止回阀、插板阀、调节阀、余压阀等；各类风阀其结构和形式各不相同，安装时应严格按设计要求的种类和型号、规格进行复核，以保证准确无误。

（1）阀门的阀体结构应牢固，调节装置应灵活可靠，阀板制动、阀指示定位等装置应准确无误。

（2）止回阀阀轴应灵活，阀板关闭严密，铰链和转动轴应采用铜、不锈钢或镀锌等不易锈蚀材料制成。

（3）风阀安装在风管上应采用法兰连接，将其法兰与风管或设备对正，加上密封垫条，穿上螺栓上紧螺母，使其风阀与风管或设备连接牢固、严密。

（4）风阀的操作装置应装设在便于人工操作的部位，其安装方向应使风阀的外壳标注方向与风管输送风流方向一致。

（5）风阀安装完毕，应在阀体外壳上，明显地标出"开"和"关"方向及开启程度。

（6）斜插板阀在除尘系统水平管上安装，插板应顺气流方向安装；而在垂直气流向上的管段上安装，斜插板阀应逆气流方向安装。

（7）安装在墙内余压阀、阀框应横平竖直，并与墙面服帖平整。

（8）直径或长边大于 630mm 防火阀，应设独立支、吊、托架。

9.4.3　防火阀和排烟阀（排烟口）安装

防火阀和排烟阀（排烟口）应符合国家现行有关消防产品技术标准的规定。执行机构应进行动作试验，试验结果应符合产品说明书的要求。

1. 防火阀安装

（1）防火阀质量要求

1）发生火灾时，框架（外壳）、叶片应能防止变形失效，其板材厚度不应小于 2mm。转动件应采用黄铜、青铜、不锈钢及镀锌铁件等耐腐蚀的金属材料制作，并应转动灵活。

2）易熔件应采用符合国家标准的产品，其熔点温度应符合设计要求。感烟感温器动作温度 280℃，温度允许偏差为－2℃（一般要求易熔件在温度升至 68℃时即熔断）。

3）叶片与外框不得有碰擦现象，阀板关闭时应严密。禁止气流通过。

（2）防火阀安装要求

1）防火阀安装前应对防火阀的质量进行检查，按设计要求和国家标准，在规格、材质、外观、性能方面进行检查。技术质量符合要求后，才能进行安装。

2）根据设计要求在指定位置安装防火阀，不得改变、遗漏。

3）防火阀应安装在便于操作及检修的部位，防火分区隔墙两侧的防火阀，距墙表面不应大于 200mm。

4）防火阀直径或长边尺寸大于等于 630mm 时，应设有单独的支吊架等措施，防止风管变形影响防火阀关闭。

5）阀门的易熔件，必须按设计要求或施工规范规定采用正规产品，严禁用拷贝胶片、铅丝、尼龙线等非标准材料代替。

6）防火阀安装时应注意阀门的方向，易溶件应迎气流方向，禁止方向颠倒。防火阀有水平安装和垂直安装，又有左式、右式之分，安装时务必不能装错装反。同时注意易熔片应安装在风管的迎风侧。

7）防火阀中的易熔件需在系统安装完成后再行安装；易熔（熔断器）件安装后，必须逐一进行检查，均使处于正常状态。

（3）防火阀安装

1）防火阀水平安装时，可以根据防火阀安装部位，采用支架或吊架固定防火阀，保证防火阀稳固，如图 9-22（a）、(b) 所示。

风管穿越防火墙防火阀安装时，防火阀距离墙面不应大于

200mm，墙体预埋管壁厚度大于 1.6mm 的钢套管，套管与风管之间应有 5～10mm 间隙，套管长度应小于墙体厚度，防火阀安装后，墙洞与防火阀间应水泥砂浆密封，如图 9-22（c）所示。

2）变形缝处防火阀安装时，应在变形缝两端分别按安装防火阀，穿墙套管与墙体之间留有 50mm 的缝隙，缝隙处用玻璃棉或矿棉材料填充，保证墙体沉降时风管正常工作，套管中间设挡板，防止填充材料外漏滑落，套管一端设有固定挡板，如图 9-22（d）所示。

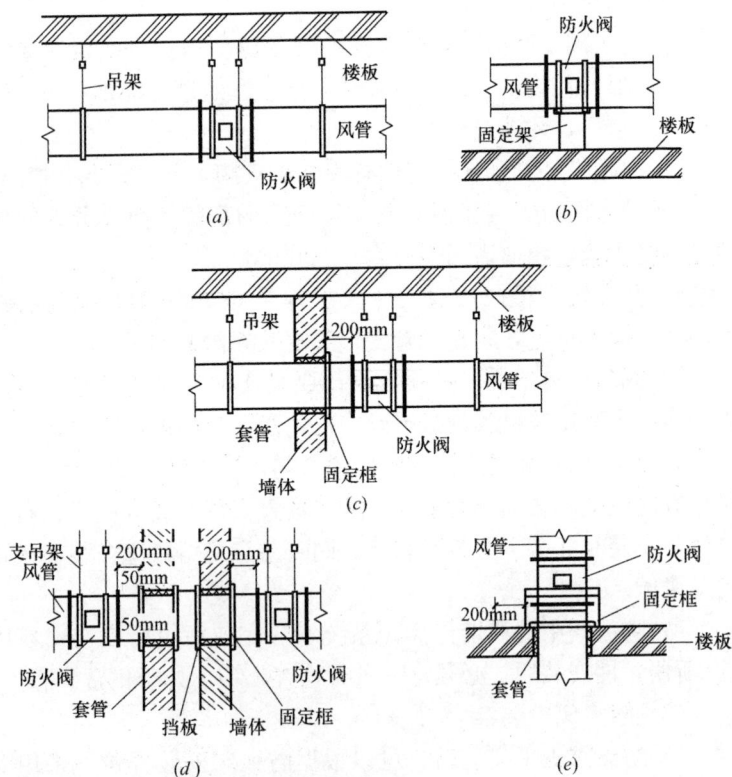

图 9-22 防火阀穿墙安装

（a）防火阀水平吊架安装；（b）防火阀水平固定架安装；（c）穿越防火墙防火阀安装；

（d）变形缝处防火阀安装；（e）穿越楼板防火阀安装

3）风管垂直穿越楼板时，风管、防火阀有固定支架固定，穿越楼板风管与楼板缝隙用玻璃棉或矿棉填充，楼板下面设挡板，防止填充物脱落，楼板上面设防护圈保护风管，防护圈高度20～50mm，如图9-22（e）所示。

2. 排烟阀（排烟口）

（1）排烟阀质量要求

1）排烟阀关闭时必须严密，禁止气流通过。

2）排烟系统柔性短管的制作材料必须为不燃材料。

3）易熔件应符合国家标准，熔点温度280℃，感温器动作温度280℃，温度允许偏差为－2℃。

（2）排烟阀安装规定

1）排烟阀安装前，应对排烟阀的质量进行检查，按设计要求和国家标准，在规格、材质、外观、性能方面进行检查，技术质量符合要求后，才能进行安装。

2）排烟阀应设在顶棚上或靠近顶棚的墙面上，且与附近安全出口沿走道方向邻近边缘之间的最小水平距离不应小于1.5m。设在顶棚上的排烟口，距可燃物的距离不应小于1.0m。排烟口平时关闭，并应设置有手动和自动开启装置。

3）烟分区的排烟阀距最远点的水平距离不应超过30m。在排烟支管上应设有当烟气超过280℃时能自行关闭的排烟阀。

4）排烟阀及手控装置（包括预埋套管）的位置应符合设计要求，预埋套管不得有死弯及瘪陷。

（3）排烟阀的安装

排烟阀在通风竖井墙水平安装前，应在墙体预埋角钢（∟140mm×40mm×4mm）。排烟阀安装前应制作钢板安装框，安装框与预留角钢连接，然后将排烟阀插入安装框固定。排烟阀如果与风管连接，钢板安装框一侧应与风管法兰连接，再安装排烟阀。

排烟阀垂直吊顶安装时应设置单独支架。

9.4.4 风口安装

风口安装多分为软连接和硬连接两种，根据工程不同，软连接多采用帆布或聚酯软接头，软连接是先将软管的150～300mm固定在支风管上，待吊顶、装饰做完再进行风口安装。硬连接是风管直接与风口连接，先将支风管按吊顶、装修给出的标高甩至与风口便于连接的位置，或者吊顶做龙骨时，支风管固定在龙骨上，装饰完成后再安装风口。

1. 安装要求

（1）软连接和硬连接这两种方法固定风口用的螺钉都不能在风口表面出现，应处理在风口内侧或百叶之间，所有连接处应严密牢固可靠。

（2）带阀门的风口在安装前和安装后都应扳动一下调节手柄或杆。因为在运输和安装过程中都有可能变形，即使是微小的变形也能影响调节的灵活性。

（3）在安装风口时，应注意风口与房间内的顶线和腰线协调一致。风管暗装时，风口应服从房间的线条。吸顶安装时，散流器应与顶面平齐。散流器的每层扩散圈应保持等距。散流器与风管的接口应牢固可靠。

（4）风口安装应与土建装饰面配合，在同一吊顶、墙面或平面上安装多个风口时，风口应在同一直线上，间距均匀，与灯具及其他装饰器具配合，使之美观、大方，而且不应影响风口的功能。

（5）风口安装固定时，风口表面严禁用螺丝、螺栓等破坏风口装饰表面。

2. 百叶风口安装

（1）百叶风口叶片两端轴的中心应在同一直线上，叶片平直，与边框无碰擦。

（2）矩形联动可调百叶窗风口的安装方法，可根据是否有风量调节阀来确定安装方法。

有风量调节阀风口安装时，应先安装调节阀框，后安装叶片框。风管与风口连接时风管应伸出风口调节阀外框 10mm，并剪除出连接榫头，调节阀外框安装上将榫头插入外框条状孔内，折弯榫头贴近固定外框，再安装叶片框，并与外框连接固定。也可以将风口直接固定在预留洞上，不与风管直接连接，将调节阀外框插入洞内，用螺钉将外框固定在预留的木榫或木框上，然后再安装叶片框。

无风量调节阀风口安装时，应在风管内或预留洞内木框上，采用铆接或角形卡子固定，然后再安装叶片框。

（3）风口的风量调节，用螺丝刀由叶片间伸入，旋转调节螺钉，带动连杆，来调节叶板的开启度，达到调节风量的目的。

（4）风口气流吹出角度，应根据气流组织情况，用不同角度的专业扳手调节，扳手卡住叶片旋转到接触相邻叶片为宜。

3. 散流器安装

方形散流器宜选用铝塑材；圆形散流器可用铝材或半硬铝合金材冲压而成。

散流器的扩散环和调节环应同轴，轴向环片间距应分布均匀。

散流器用直接固定在预留洞上的安装方法，参见上述"百叶风口安装"的相关内容。

4. 净化空调系统风口安装

风口安装前除检查质量外，还应清洁风口，安装后风口的边框与洁净室的顶棚或墙面之间的缝隙处，应用密封胶进行密封处理，不得漏风。

高效过滤器送风口，还应用吊杆调节高度，以保证送风口的外壳边缘与顶棚紧密连接。

5. 管式条缝散流器安装

管式条缝散流器安装应先将内藏的圆管卸下，在风口外壳上安装旋转卡夹，将卡夹旋转调整，整体放入风管内，再将卡夹旋转 90° 与风管连接，用螺栓固定，然后将内藏的圆管安放在风口壳内。

6. 旋转式风口

旋转式风口活动件应轻便灵活，与固定框接合严密，叶片角度调节范围应符合设计要求。

7. 球形旋转风口安装

球形旋转风口与静压箱、顶棚连接时可采用自攻螺钉、拉铆钉、螺栓等，连接固定要牢固。

球形风口内外球面间的配合应松紧适度、转动自如、定位后无松动。

8. 孔板式风口

孔板风口的孔口不应有毛刺，孔径一致，孔距均匀，并应符合设计要求。

9.4.5 风罩与风帽安装

1. 风罩安装

（1）各类吸尘罩，排气罩的安装位置应正确，牢固可靠，支架不得设置在影响操作的部位。

（2）用于排出蒸汽或其他潮湿气体的伞形排气罩，应在罩口内边采取排凝结液体的措施。

（3）罩子的安装高度对其实际效果影响很大，如果不按设计要求安装，其高度一般为罩的下口离设备上口的距离小于或等于排气罩下口的边长较为合适。

（4）局部排气罩不得有尖锐的边缘，其安装位置和高度不应妨碍操作，局部排气罩如体积较大，还应设置专用支、吊架，并要求支、吊架平整，牢固可靠。

2. 风帽安装

（1）风帽可穿过墙壁伸出室外，也可直穿屋顶伸出室外。

（2）风帽安装必须牢固，穿越屋顶的风管，在穿越处不应有接头或破损，避免雨水漏入屋内，风管与墙面的交接处应密封，防止向屋内渗水。不连接风管的筒形风帽，可用法兰固定在屋顶混凝土或木底座上，当排放湿度较大的气体时，为防止冷凝水漏入屋内，风帽底部应设有滴水盘和排水装置。

（3）风帽安装高度高于屋顶1.5m时，应用拉索固定，拉索不得少于三根，拉索固定应牢固，防止风帽被风吹倒。

（4）为了防止雨水落入风管，风帽顶部应设有防雨帽。

9.4.6 消声器、静压箱安装

1. 安装前的检查

（1）消声器、静压箱安装前应进行质量检查，按设计要求和现行国家标准《通风与空调工程施工质量验收规范》GB 50243—2016规定，在规格、材质、外观、防火、防潮、防腐方面进行检查。

（2）安装前，应对到达现场的成品消声器，加强管理和认真检查。在运输和安装过程中，不得损坏和受潮，充填的消声材料不应有明显下沉。

（3）消声器外表面应平整，不应有明显的凹凸、划痕及锈蚀。

（4）吸声片外包玻纤布应平整无破损，两端设置的导风条应完好。

（5）紧固消声器部件的螺钉应分布均匀，接缝平整，不得松动、脱落。

（6）穿孔板表面应清洁，无锈蚀孔洞和堵塞。

2. 消声器的安装

（1）消声器等消声设备运输时，不得有变形现象和过大振动，避免外界冲击破坏消声性能。

（2）安装就位时方能拆除法兰防尘设施，消声器安装时气流方向必须正确，不得损坏和受潮，与风管或管件的法兰连接应保证严密、牢固。

（3）消声器、静压箱等设备与金属风管连接时，法兰应匹配。

（4）消声器、消声弯管应单独设支、吊架，不得由风管来支撑其重量，其支、吊架的设置应位置正确、牢固可靠。风管不承受其重量。支、吊架，应根据消声器的型号、规格和建筑物的结构情况，按照国标和设计图纸的规定选用。消声器在安装前应检查支、吊架等固定件的位置是否正确，预埋件或膨胀螺栓是否安装牢固、可靠，支、吊架必须保证所承担的荷载。

（5）消声器支、吊架的横托板穿吊杆的螺孔距离，应比消声器宽 40～50mm。为了便于调节标高，可在吊杆端部套 50～80mm 的丝扣，以便找平、找正，加双螺母固定。

（6）消声器、静压箱等部件与非金属或复合风管连接时，应采用"h"形金属短管作为连接件；短管一端为法兰，应与金属风管法兰或设备法兰相连接；另一端为深度不小于 100mm 的"h"形承口，非金属风管或复合风管应插入"h"形承口内，并应采用铆钉固定牢固、密封严密。

（7）回风箱作为静压箱时，回风口应设置过滤网。

（8）消声器的安装方向必须正确，与风管或管件的法兰连接应保证严密、牢固。

（9）当通风、空调系统有恒温、恒湿要求时，消声器等消声设备外壳与风管同样作保温处理。

（10）消声器等安装就位后，可用拉线或吊线尺量的方法进行检查，对位置不正、扭曲、接口不平等不符合要求的部位要进行修整，达到设计和使用的要求。

3. 大型组合式消声室的现场安装

大型组合式消声室的现场安装，应按照正确的施工顺序进行，消声组件的排列、方向与位置应符合设计要求，其单个消声器组件的固定应牢固。当有 2 个或 2 个以上消声元件组成消声组时，其连接应紧密，不得松动，连接表面过渡应圆滑顺气流。

9.4.7 过滤器安装

1. 过滤器安装要求

（1）过滤器的种类、规格及安装位置应满足设计要求。

（2）过滤器的安装应便于拆卸和更换。

（3）过滤器与框架及框架与风管或机组壳体之间应严密。

（4）静电空气过滤器的安装应能保证金属外壳接地良好。

2. 空气过滤器框架安装

（1）安装前应将建筑环境清扫、冲洗干净，防止尘粒污染过滤器。

（2）已污染过滤器应用 5%浓度的碱溶液进行透孔清洗（即在该碱液中浸泡 20～30min 后用清水冲洗），阴干后即可使用。

（3）框架与空气处理室围护结构间应用厚 3mm 橡胶板封实，不得有缝隙，安装后应平整、牢固，并用塑料薄膜将两侧封实，待系统运转时拆除。

3. 金属网格油浸过滤器安装

（1）安装前应将尘土清洗干净，晾干后浸以 12 号或 20 号机油。

（2）波浪形金属网格排列应准确，接缝应严密。

（3）粗孔径网格必须朝迎风面安装，不得装反。

4. 管内安装过滤器

在管道内安装过滤器时，宜用抽屉式，抽出时管外应有托架支撑，便于维修、拆卸和清洗及更换滤料。

管内壁周边迎风部分及管外抽出部分的缝隙应作密封处理，不得有未经过滤的空气进入工作区。

5. 卷绕式过滤器的安装

（1）安装框架尺寸与机组外框一致，框架与机组螺栓连接后同墙体上预埋钢件焊接。

（2）框架应平整，框架与墙缝隙应密封，滤料松紧适当。

（3）上下筒平行传动时，上下两端应以较慢速度作回旋运行。

9.4.8 风管内电加热器的安装

（1）电加热器接线柱外露时，应加装安全防护罩。

（2）电加热器外壳应接地良好。

（3）连接电加热器的风管法兰垫料应采用耐热、不燃材料。

10 风机与空气处理设备安装

10.1 安装准备

10.1.1 施工条件

(1) 施工方案已批准，采用的技术标准、质量和安全控制措施文件齐全。

(2) 设备及辅助材料经进场检查和试验合格，熟悉设备安装说明书。

(3) 基础验收已合格，并办理移交手续。

(4) 运输道路畅通，安装部位清理干净，照明满足安装要求。

(5) 设备利用建筑结构作起吊、搬运的承力点时，应对建筑结构的承载能力进行核算，并应经设计单位或建设单位同意。

(6) 安装施工机具已齐备，满足安装要求。设备安装常用的施工机具和工具有起重机械、钢丝绳、电锤、坡口机、套丝板、管钳、套筒扳手、活扳手、平尺、电气焊设备等。测量工具有钢直尺、钢卷尺、角尺、水平仪、百分表、塞尺、线坠、水准仪、经纬仪、测温计、毕托管、U 形压力计等。

10.1.2 运输、吊装及搬运

(1) 应核实设备与运输通道的尺寸，保证设备运输通道畅通。

(2) 应复核设备重量与运输通道的结构承载能力，确保结构梁、柱、板的承载安全。

（3）设备应运输平稳，并应采取防振、防滑、防倾斜等安全保护措施。

（4）采用的吊具应能承受吊装设备的整个重量，吊索与设备接触部位应衬垫软质材料。

（5）设备应捆扎稳固，主要受力点应高于设备重心，具有公共底座设备的吊装，其受力点不应使设备底座产生扭曲和变形。

（6）搬运过程中，叶轮、蜗壳、热交换器容易损坏，因此应小心谨慎，应轻抬轻放盘管底座，严禁手执叶轮或蜗壳搬动机组，以免造成叶轮变形，增加噪声，影响使用效果。不应碰撞热交换器，以免损坏管路，出现漏水现象。

10.1.3 设备找正和找平的测点选择

（1）设备上的工作面（如工作台面）。

（2）支承滑动部件的导向面（如十字头滑道）。

（3）保持转动部件的导向面或轴线（如曲轴主轴颈）。

（4）部件上加工精度较好的表面（如砧座上平面）。

（5）设备上应为水平或铅垂的主要轮廓面（如容器外壁）。

（6）连续运输设备和金属结构上的测点应选在可调整的部位，两测点间距不宜大于 6mm。

10.1.4 垫铁的使用

一般设备应用成对斜垫铁和平垫铁找平。使用斜垫铁或平垫铁找平应符合下列要求：

（1）每一组垫铁应尽量减少垫铁的块数，一般不超过三块。垫铁安放时应注意，最厚的放下面，次者放上面，最薄者放中间。

（2）每一组垫铁应放置整齐平稳，接触良好，并被压紧，用0.25kg 锤轻击听音检查。平垫铁应露出设备底座底面外 10～30mm，斜垫铁应露出 10～50mm。垫铁组伸入设备底座底面的长度超过设备的地脚螺栓孔。

10.1.5　安装注意事项

（1）空气处理设备的安装应满足设计和技术文件的要求。

（2）设备安装前，油封、气封应良好，且无腐蚀。

（3）设备安装位置应正确，设备安装平整度应符合产品技术文件的要求。

（4）采用隔振器的设备，其隔振安装位置和数量应正确，各个隔振器的压缩量应均匀一致，偏差不应大于 2mm。

（5）空气处理设备与水管道连接时，应设置隔振软接头，其耐压值应大于或等于设计工作压力的 1.5 倍。

10.2　风机安装

10.2.1　检查与试验

风机安装前应检查电机接线正确无误；通电试验，叶片转动灵活、方向正确，机械部分无摩擦、松脱，无漏电及异常声响。

10.2.2　设备基础验收

通风机安装前，应根据设计图纸的要求，对设备基础进行全面检查。风机落地安装的基础标高、位置及主要尺寸、预留洞的位置和深度应符合设计要求；基础表面应无蜂窝、裂纹、麻面、露筋；基础表面应水平。

带地脚螺栓无减震装置的风机安装前，应在基础表面铲出麻面，使二次浇灌的混凝土或水泥砂浆能与基础紧密结合；带减振装置的风机基础必须平整、坚固。不得有凸凹不平现象，以便于减震台座的安装。

10.2.3　风机的开箱检查、搬运和吊装

1. 风机的开箱检查

（1）应按设备装箱单清点风机的零件、部件、配套件和随机

技术文件。

（2）应按设计图样核对叶轮、机壳和其他部位的主要安装尺寸。

（3）风机型号、输送介质、进出口方向（或角度）和压力，应与工程设计要求相符；叶轮旋转方向、定子导流叶片和整流叶片的角度及方向，应符合随机技术文件的规定。

（4）风机外露部分各加工面应无锈蚀；转子的叶轮和轴颈、齿轮的齿面和齿轮轴的轴颈等主要零件、部件应无碰伤和明显的变形。

（5）风机的防锈包装应完好无损；整体出厂的风机，进气口和排气口应有盖板遮盖，且不应有尘土和杂物进入。

（6）外露测振部位表面检查后，应采取保护措施。

2. 风机的搬运和吊装

（1）整体出厂的风机搬运和吊装时，绳索不得捆绑在转子和机壳上盖及轴承上盖的吊耳上。

（2）解体出厂的风机搬运和吊装时，绳索的捆绑不得损伤机件表面；转子和齿轮的轴颈、测量振动部位，不得作为捆绑部位；转子和机壳的吊装应保持水平。

（3）输送特殊介质的风机转子和机壳内涂有的保护层应妥善保护，不得损伤。

（4）转子和齿轮不应直接放在地上滚动或移动。

10.2.4 风机组装前的清洗和检查

（1）风机组装前的清洗和检查应符合现行国家标准《机械设备安装工程施工及验收通用规范》GB 50231 和随机技术文件的有关规定。

（2）设备外露加工面、组装配合面、滑动面，各种管道、油箱和容器等应清洗洁净；出厂已装配好的组合件超过防锈保质期应拆洗。

（3）输送介质为氢气、氧气等易燃易爆气体的压缩机，其与介质接触的零件、部件和管道及其附件应进行脱脂，油脂的残留量不应大于 125mg/m²；脱脂后应采用干燥空气或氮气吹干，并应将零件、部件和管道及其附件做无油封闭。

（4）润滑系统、密封系统中的油泵、过滤器、油冷却器和安全阀等应拆卸清洗。

（5）油冷却器应以最大工作压力进行严密性试验，且应保压10min 后无泄漏。

（6）现场组装时，机器各配合表面、机加工表面、转动部件表面、各机件的附属设备应清洗洁净；当有锈蚀时应清除，并应采取防止安装期间再发生锈蚀的措施。

（7）调节机构应清洗洁净，其转动应灵活。

10.2.5 风机安装要求

（1）风机安装位置应正确，底座应水平；落地安装时，应固定在隔振底座上，底座尺寸应与基础大小匹配，中心线一致；隔振底座与基础之间应按设计要求设置减振装置。

（2）风机吊装时，吊架及减振装置应符合设计及产品技术文件的要求。

（3）风机与风管连接时，应采用柔性短管连接，风机的进出风管、阀件应设置独立的支、吊架。

（4）风机的进气、排气管路和其他管路的安装，应符合现行国家标准《工业金属管道工程施工及验收规范》GB 50235 和现行国家标准《通风与空调工程施工质量验收规范》GB 50243—2016 的有关规定。

（5）风机的进气、排气系统的管路、大型阀件、调节装置、冷却装置和润滑油系统等管路，应有单独的支承，并应与基础或其他建筑物连接牢固，与风机机壳相连时不得将外力施加在风机机壳上。连接后应复测机组的安装水平和主要间隙，并应符合随机技术文件的规定。

风机出口的接出风管应顺叶轮旋转方向接出弯管。在现场条件允许的情况下，应保证出口至弯管的距离 A 大于或等于风口出口长边尺寸 1.5～2.5 倍，如图 10-1 所示。如果受现场条件限制达不到要求，应在弯管内设倒流叶片弥补，如图 10-2 所示。

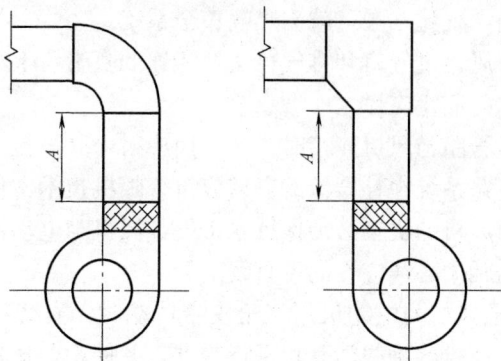

图 10-1　通风机接出风管弯管示意图

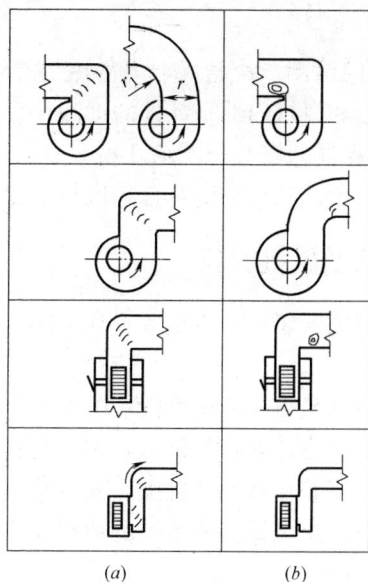

(a)　　　　　　　(b)

图 10-2　通风机弯管内设导流叶片
(a) 正确的安装方式；(b) 不良的安装方式

147

这是因为出风口风速比较高，局部压力损失与风速的平方成正比，风速越高，压力损失越大。弯头与风机拉开距离，可以减少压力损失。通风机的连接，在通风系统工程上是重要环节，此处安装不当，气流不顺，就会影响整个系统。

（6）与风机进气口和排气口法兰相连的直管段上，不得有阻碍热胀冷缩的固定支撑。

（7）各管路与风机连接时，法兰面应对中并平行。

（8）气路系统中补偿器的安装应符合随机技术文件的规定。

（9）通风机的机轴必须保持水平度，风机与电动机用联轴器连接时，两轴中心线应在同一直线上。

（10）通风机与电动机用三角皮带传动时，安装找正以保证电动机与通风机的轴线间互相平行为准，并使两个皮带轮的中心线相重合。三角带安装松紧程度检查时一般可用手敲打已装好的皮带中间，以稍有弹性为宜。三角皮带的松紧度通过调节电动机滑道进行。

（11）风机上的检测、控制仪表等的电缆、管线的安装，不应妨碍轴承、密封和风机内部零部件的拆卸。

（12）风机隔振器的安装位置应正确，且各组或各个隔振器的压缩量应均匀一致，其偏差应符合随机技术文件的规定。

10.2.6 离心式通风机安装

（1）整体机组的安装，应直接放置在基础上，用成对斜垫铁找平。

（2）现场组装的机组，底座上的切削加工面应妥善保护，不应有锈蚀或损伤。底座放置在基础上，用成对斜垫铁找平。

（3）如果底座安装在减振装置上，安装减震器时，除地面应平整外，还应注意各组减振器所承受的荷载应均匀；安装后应采取保护措施，防止损伤。

离心通风机如果直接安装在基础上，其基础各部位的尺寸应符合设计要求。设备就位前应对基础进行验收，合格后方能安装。预留孔灌浆前应清除杂物，将通风机用成对斜垫铁找平，最后用碎石混凝土灌浆。灌孔所用的混凝土强度等级应比基础高一级，并捣固密实，地脚螺栓不准歪斜。

离心通风机的地脚螺栓应带有防松动的垫圈和防松螺母。固定通风机的地脚螺栓应拧紧。

（4）输送产生凝结水的潮湿空气通风机，机壳底部应安装一个直径为 12～20mm 的放水阀或水封管。

（5）离心通风机的叶轮旋转后，每次都不应停留在原来位置上，并不得碰机壳。

（6）电动机应水平安装在滑座或固定在基础上。其找平、找正应以装好的风机为准。用三角皮带传动时，电动机可在滑轨上进行调整，滑轨的位置应保证通风机和电动机的两个轴中心线互相平行，并水平地固定在基础上。滑轨的方向不能装反。用三角皮带传动的通风机和电动机的中心线间距和皮带的规格应符合设计要求。安装皮带时，应使电动机轴和通风机轴的中心线平行，皮带的拉紧程度应适当，一般以用手敲打皮带中间，稍有弹跳为准。

（7）轴瓦研刮前，应先将转子轴心线校正，同时调整叶轮与进气口间的间隙和主轴与机壳后侧轴孔间的间隙，使其符合设备技术文件规定。

（8）主轴和轴瓦组装时，应按设备技术文件的规定进行检查。轴承盖与轴瓦间应保持 0.03～0.07mm 的过盈（测量轴瓦的外径和轴承座的内径）。

（9）机壳组装时，应以转子轴心线为基准找正机壳的位置，并将叶轮进气口与机壳进气口间的轴向和径向间隙调整至设备技术文件规定的范围内，同时检查地脚螺栓是否紧固。

（10）滚动轴承装配的风机，两轴承架上轴承的不同轴度，可待转子装好后，以转动灵活为准。

（11）风机传动装置的外露部位以及直通大气的进、出口，必须装设防护罩（网）或采取其他安全设施。

10.2.7 轴流式风机安装

1. 整体出厂的轴流通风机的安装

（1）整体机组的安装应直接放置在基础上，用成对斜垫铁找平后灌浆。安装在无减振器的支架上，应垫上 4～5mm 厚的橡胶板，找平、找正后固定，并注意风机的气流方向。

（2）机组的安装水平和铅垂度应在底座和机壳上进行检测，其安装水平偏差和铅垂度偏差均不应大于 1/1000。

（3）通风机的安装面应平整，与基础或平台应接触良好。

（4）直联型风机的电动机轴心与机壳中心应保持一致；电动机支座下的调整垫片不应超过两层。

2. 解体出厂的轴流风机组装和安装

（1）通风机的安装水平，应在基础或支座上风机的底座和轴承座上纵、横向进行检测，其偏差均不应大于 1/1000。

（2）转子轴线与机壳轴线的同轴度不应大于 ϕ2mm。

（3）应按随机技术文件规定的顺序和出厂标记进行组装。

（4）导流叶片、转子叶片安装角度与名义值的允许偏差为 ±2°；叶轮与机壳的径向间隙应均匀；叶轮与机壳的径向间隙应为叶轮直径的 1.5‰～3.5‰；叶片的手动和自动调节范围应符合随机技术文件的规定；可调动叶片在关闭状态下与机壳间的径向间隙应符合随机技术文件的规定；无规定时，其间隙值宜为转子直径的 1‰～2‰；在静态下应检查可调叶片及调节装置的调节功能、调节角度范围、安全限位，叶片角度指示刻度与叶片实际角度的允许偏差为 ±1°。

（5）机壳的连接应对中和贴合紧密，结合面上应涂抹一层密封胶；叶片的固定螺栓和机壳法兰连接螺栓，应按随机技术文件规定的力矩紧固和锁紧。

（6）进气室、扩压器与机壳之间，进气室、扩压器与前后风筒之间的连接应对中和贴平。各部分的连接，不得使机壳（主风筒）变形，影响叶顶间隙的改变。

3. 安装注意事项

（1）叶轮校正时，应按照设备技术文件的规定校正各个叶片的角度，并锁紧固定叶片的螺母，如果需要将叶片自轮毂上卸下时，必须按打好的字头对号入座，应防止位置错乱，破坏转子的平衡。如果叶片损坏需要更换时，在叶片更换后，必须锁紧螺母并符合设备技术文件规定的要求。

（2）现场组装的轴流风机叶片安装角度应一致，达到在同一平面内运转，叶轮与筒体之间的间隙应均匀。

（3）主轴和轴瓦组装时，应按照设备技术文件的规定进行检查。

（4）叶轮与主体风筒间的间隙应均匀分布并应符合设备技术文件的规定。

（5）主体风筒上部接缝或进气室与机壳、静子之间的连接法兰以及前后风筒和扩压器的连接法兰均应对中贴平，接合严密。前、后风箱和扩压器等应与基础连接牢固，其重量不得加在主体风筒上，防止机体变形。

10.3 空调末端装置安装

空调末端装置安装包括风机盘管、诱导器、变风量空调末端装置、直接蒸发式室内机的安装。

10.3.1 设备检查

风机盘管、变风量空调末端装置的叶轮应转动灵活、方向正确，机械部分无摩擦、松脱，电机接线无误；应通电进行三速试运转，电气部分不漏电，声音正常。

10.3.2 支、吊架安装

风机盘管、空调末端装置安装时，应设置独立的支、吊架，其安装参见 7.2 中相关内容。

10.3.3 安装及配管要求

（1）风机盘管、变风量空调末端装置的安装及配管应满足设计要求。

（2）风机盘管、变风量空调末端装置安装位置应符合设计要求，固定牢靠，且平正。

（3）与进、出风管连接时，均应设置柔性短管。

（4）与冷热水管道的连接，宜采用金属软管，软管连接应牢固，无扭曲和瘪管现象。

（5）冷凝水管与风机盘管连接时，宜设置透明胶管，长度不宜大于150mm，接口应连接牢固、严密，坡向正确，无扭曲和瘪管现象。

（6）冷热水管道上的阀门及过滤器应靠近风机盘管、变风量空调末端装置安装；调节阀安装位置应正确，放气阀应无堵塞现象。

（7）金属软管及阀门均应保温。

10.3.4 风机盘管安装

1. 检查和试验

风机盘管在安装前，应检查电机壳体及表面交换器有无损伤、锈蚀、缺件等缺陷。并按总数抽查10%进行通电和水压试验。

通电试验：机械部分不得摩擦，整机不应抖动不稳，噪声不应超过产品说明书的规定。电气部分不得漏电。

水压试验：试验压力为系统工作压力的1.5倍。先升至工作压力进行全面检查，无渗漏时再升至工作压力的1.5倍，观察5min压力不降不渗漏为合格，卸压排水待安装。

2. 机组安装

（1）在机组搬运和安装时，连接管两端不能作为手柄用，以防断裂。

（2）按风机盘管机组的安装示意图，确认室内机尺寸。

（3）卧式吊装风机盘管，吊架宜采用过楼板、T字圆钢四根或一根T字加一个H角钢架组合吊装。吊架要平稳牢固，位置正确。吊杆与设备连接处应使用双螺母紧固并找平，找正使得四个吊点均匀受力。

机组应由支吊架固定，并便于拆卸和维修，注意保持机组外部完整无损，内部各转动部件不得相碰，安装时应防止杂物进入风机叶轮、电机和换热器，同时保证排水端较另一端至少低3～5mm，以确保冷凝水顺利排出。

（4）顶棚的处理因建筑物而异，具体措施应同建筑装修工程人员协商。顶棚的拆卸范围应保持顶棚水平。对顶棚的梁桁进行加强，防止顶棚的振动。把顶棚的梁桁切断。对顶棚的切断处进行加强，并对顶棚的梁桁进行加固。

（5）暗装卧式风机盘管的下部吊顶应留有检查检修口，便于机组能整体拆卸和维修，或利用活芯回风口做检修口。

（6）在主体吊装好之后，要进行顶棚内的配管、配线作业，在选定好安装场所之后决定配管的引出方向。特别是在已有顶棚的场合，在吊挂机器前先将进出水管、排水管、室内外连接线、电控线拉至连接位置。

3. 风管连接

回风口应安装过滤器，以防止尘埃堵塞盘管翅片，确保换热器传热效果。

4. 设备进、出水配管

进、出水管宜采用铜或不锈钢快速软接头或采用镀锌钢管法兰连接。紧固螺纹时注意不要用力过大，同时要用双套工具对称用力，以防损坏设备。螺纹连接处应采用聚四氟乙烯密封，防止渗漏。

凝结水管宜选用透明塑料管，并用卡具固定在设备凝水盘一端，另一端应插入凝结水支管上，进入量应大于5cm，并用卡具固定，冷凝水管应保证足够的坡度，凝结水应畅通地流到指定位置，凝水盘应无积水现象。

风机盘管应在管道清洗排污后连接，以免堵塞热交换器。风管和水管的重量不能由风机盘管来承受，应选用支、吊、托架固定，确保安装牢固。

5. 机组试运转

清除机内可能有的异物，并检查电线、水管等均连接无误方可开机运行，使用三速开关调节，最好从高档启动再进行其他档次选择。

10.3.5 诱导器安装

1. 质量检查

（1）各连接部分不能松动、变形和产生破裂。

（2）喷嘴不能脱落、堵塞。

（3）静压箱封头的密封材料应无裂痕、脱落现象。

（4）一次风调节阀必须灵活可靠，并调到全开位置，以便于安装后的系统调试。

2. 安装要求

（1）按设计要求的型号就位安装，并检查喷嘴的型号是否正确。

（2）暗装卧式诱导器应由支、吊架固定，并便于拆卸和维修。

（3）诱导器与一次风管连接处应密闭，防止漏风。

（4）水管与诱导器连接宜采用软管，接管应平直，严禁渗漏。

（5）诱导器安装时，方向应正确，诱导器水管接头方向和回风面朝向应符合设计要求，立式双面回风诱导器，应将靠墙一面留 50mm 以上的空间，以利于回风；卧式双回风诱导器，要保证靠楼板一面留有足够的空间。

（6）诱导器与风管、回风室及风口的连接处应严密。

（7）诱导器的进出水管接头和排水管接头不得漏水，连接支管上应装有阀门，便于调节和拆装。排水坡度应正确，凝结水应畅通地流到指定位置。

（8）进出水管必须保温，防止产生凝结水。

10.3.6　变风量空调末端装置

变风量空调系统的运行依靠 VAV 装置的设备来根据室内要求提供能量，并控制其送风量。同时向系统控制器 SC 传送自己的工作状况，经过 SC 分析计算后发出控制风机变频器信号。根据系统要求风量改变风机转数，节约送风动力。

常用的 VAV 末端装置原理，如图 10-3 所示。

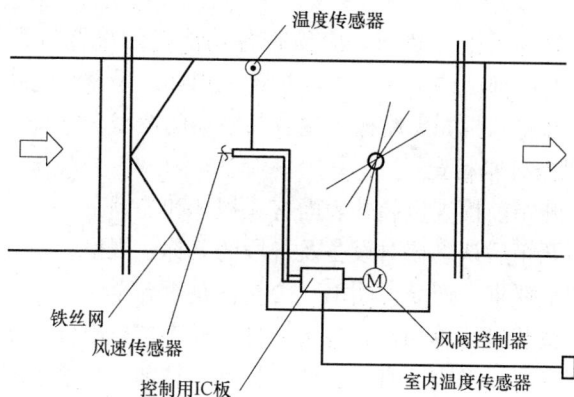

温度传感器

铁丝网

风速传感器

控制用IC板

风阀控制器

室内温度传感器

图 10-3　VAV 控制装置原理图

（1）变风量空调末端装置的安装尚应符合设计及产品技术文件的要求。

（2）变风量箱选型不要太大，以免造成最大流量下变风量箱开度太小。

（3）变风量箱要有足够的检修位置；引入管要求有 2 倍管径长度的硬质直管段。

（4）其与风管接缝处采用低温状态下不硬化、不脆化、粘接性能良好的密封胶密封，咬口、铆接部位均应涂胶密封。

（5）其他安装和配管要求参见 9.2.3 中相关内容。

10.3.7　直接蒸发冷却式室内机

直接蒸发冷却式室内机可采用吊顶式、嵌入式、壁挂式等安装方式；制冷剂管道应采用铜管，以锥形锁母连接；冷凝水管道敷设应有坡度，保证排放畅通。

10.4　空气处理机组与空气热回收装置安装

10.4.1　设备检查、试验与运输

空气处理机组安装前，应检查各功能段的设置符合设计要求，外表及内部清洁干净，内部结构无损坏。手盘叶轮叶片应转动灵活、叶轮与机壳无摩擦。检查门应关闭严密。

1. 设备开箱检查

（1）开箱前检查包装外表面有无损坏和受潮。

（2）开箱后认真核对设备及各段的名称、规格、型号是否符合设计图纸要求。产品说明书、合格证是否齐全。

（3）按装箱清单和设备技术文件，检查主机附件，专用工具等是否齐全，设备表面有无缺陷、损坏、锈蚀、受潮等现象。

（4）取下风机段活动板或通过检查门进入、用手盘动风机叶轮，检查有无与机壳相碰、摩擦声、风机减震部分是否符合要求。

（5）检查表冷器凝水部分是否通畅，有无渗漏部分，加热器及旁通阀是否严密、可靠。过滤器零部件是否齐全、滤料及过滤形式是否符合设计要求。

2. 设备试验

组合式空调机组及空气热回收装置的现场组装应由供应商负责实施，组装完成后应进行漏风率试验，漏风率应符合现行国家标准《组合式空调机组》GB/T 14294 的规定。

具体的漏风率标准为：机组内静压保持段 700Pa，负压段－400Pa时，机组漏风率不大于 2%；用于洁净空调系统的机组，机组内净压应保持 1000Pa，机组漏风率不大于 1%。

3. 设备现场运输

空调设备的水平运输和垂直运输尽可能不要开箱或将底座保留好。现场水平运输时，应尽量采用车辆运输或厚壁钢管、跳板组合式运输。垂直运输室外一般采用门式提升架或吊车运输。机房内采用手扳葫芦、倒链进行吊装和运输。整体设备倾斜角度参照说明书。

10.4.2 设备基础验收

机组安装前应根据图纸对设备基础进行全面检查。基础表面应无蜂窝、裂纹、麻面、露筋；基础位置及尺寸应符合设计要求；当设计无要求时，基础高度不应小于 150mm，并应满足产品技术文件的要求，且能满足凝结水排放坡度要求，

盘管和过滤器的长度略短于机组宽度，为了拆卸盘管和抽取过滤器，基础旁应留有至少与机组宽度同长的空间。

10.4.3 吊架及减振装置

设备吊装安装时，其吊架及减振装置应符合设计及产品技术文件的要求。

10.4.4 组合式空调机组的安装

装配式空调机组是分段定型产品，是由过滤段、混合段、处理段、加热段及风机段等组成，作为集中式空调系统，空气处理设备根据工程种类不同，设计中对空调机组段落的要求不同。

1. 机组的配管

（1）水管道与机组连接宜采用橡胶柔性接头，管道应设置独立的支、吊架。

（2）机组接管最低点应设泄水阀，最高点应设放气阀。

（3）阀门、仪表应安装齐全，规格、位置应正确，风阀开启方向应顺气流方向。

（4）凝结水的水封应按产品技术文件的要求进行设置。

（5）在冬季使用时，应有防止盘管、管路冻结的措施。

（6）机组与风管采用柔性短管连接时，柔性短管的绝热性能应符合风管系统的要求。

2. 机组安装

（1）安装时，参照设计图纸和安装说明书对照各段是否齐全、是否符合要求；各段体内所安装的设备、部件是否完备无损，配件是否齐全。

（2）准备好安装所用的螺栓、衬垫等材料和工具。

（3）机组不论是吊装在房间顶上还是卧式安装在地面基础之上，必须保证机组水平，否则影响凝结水的排放和风机运行的动平衡。

若机组安装在地面基础之上，安装现场必须平整，成型的空调机组底座（或槽钢或混凝土台板、墩）就位时应找平找正；同时，必须考虑疏水器水封高度差和排水管的设置。基础应高于机房地平面。从空调机组的一端开始，逐一将段体抬上底座就位找正，加衬垫，将相邻两个段体用螺栓连接牢固严密，每连接一个段体前，将内部清扫干净。组合式空调机组各功能段间连接后，整体应平直，检查门开启要灵活，水路畅通。

（4）当现场有几套空调机组安装时，注意不要将段位搞错，分清左式、右式（参照生产厂家说明书）。段体的排列顺序必须与图纸相符合。安装前应对段体进行编号。

（5）从空调设备上的一端开始，逐一将段体抬上底座就位后找正，加衬垫，将相邻的两个段体螺栓连接严密牢固。每连接一个段体前，应将内部清理干净。

（6）加热段安装时，与之相邻段体间应采用耐热材料做衬垫。

（7）表面式冷却器或加热器应有合格证明，在技术文件规定条件和期限内，外表面无损伤，安装前可不做水压试验。否则应做水压试验。试验压力等于系统最高工作压力的 1.5 倍，且不得低于 0.4MPa，试验时间为 2～3min，压力不下降，不渗不漏。安装挡水板时前后不要装错。

（8）喷淋段连接处要严密、牢固可靠，喷淋段不得渗水，喷淋段的检视门不得漏水。积水槽应清理干净保证排水畅通不溢水。

凝结水管应设置水封，水封高度根据机外余压确定，防止空气调节器内空气外漏或室外空气进来。

（9）空气过滤器常用的低效过滤器有：泡沫塑料过滤器；袋式过滤器；金属网格浸油过滤器；自动浸油过滤器等。安装时注意方向不应装反，四周要严密。清理更换要方便。

（10）静电空气过滤器金属外壳接地必须良好。

（11）电加热器安装必须符合下列规定：

1）电加热器与钢构架间的绝热层必须为不燃材料，接线柱外露的应加安全防护罩。

2）电加热器的金属外壳接地必须良好。

3）连接电加热器的风管的法兰垫片，应采用耐热不燃材料。

（12）安装完的空调机组不应漏风、渗水、凝结水外溢或排不出去等现象。

（13）凝结水管安装时必须保证一定的坡度，以便排水顺畅。

（14）机组进出水管上必须配有水阀，如图 10-4 所示。以防止机组不运行时冷冻水通过，造成机组内部大面积凝露。

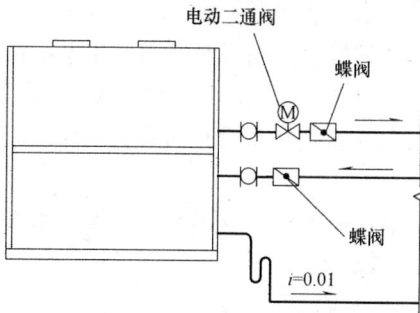

图 10-4　机组进出水管配置阀

（15）外接排水管应先接"U"形排水弯，以防止因机组内负压而导致凝结水排放困难。排水弯的水封高度差可参考机组内负压的两倍高度，基础和水封的设置。

（16）冷、热源管道、水管及电气线路、控制元器件由管道工和电工进行安装。

10.4.5 单元式空调机组安装

1. 整体式空调机组安装

（1）安装前认真熟悉图纸、设备说明书以及有关的技术资料。检查设备零部件、附属材料及随机专用工具是否齐全。制冷设备充有保护性气体时，应检查有无泄漏情况。

（2）空调机组安装时，坐标、位置应正确。基础表面应平整，宜高出地面 100～200mm。

（3）空调机组加减震装置时，应严格按设计要求的减震器型号、数量和位置进行安装并找平找正。

（4）空调机组的冷却水系统、蒸汽、热水管道及电气、动力与控制线路，由管道工和电工安装。充注制冷剂和试调应由制冷专业人员按产品使用说明书的要求进行。

2. 水冷柜式空调机安装

（1）机组安装位置正确，便于检修，弹簧减振器、橡胶减振块应按设计数量及位置布置。冷却水管连接应严密，不得有渗漏现象，应按设计要求设有排水坡度。

（2）减振器与基础之间出现有空隙应用平垫铁垫实，机组安装应平稳。

（3）两台以上的柜式空调机并列安装，其沿墙中心线应在同一直线上。

（4）凝结水盘应有坡度，其出水口应设在水盘最低处。

3. 窗式空调器安装

（1）窗式空调器应固定牢靠，并应用防雨遮阳罩，当设计无要求时，箱式防雨罩的长、宽宜比空调器大 100mm。敞式防雨罩的长、宽宜比空调器大 250mm，但不应遮挡冷凝器排风。

（2）冷凝水排出口应设在最低处。

（3）窗式空调器安装后，四周应用密封条封闭，面板平整，并不得倾斜。运转时应无明显的窗框振动和噪声。

10.4.6　空气热回收装置

空气热回收装置可按空气处理机组进行配管安装。接管方向应正确，连接可靠、严密。

空气热回收装置的过滤网应在单机试运转完成后安装。

1. 转轮式热回收器安装

转轮式热交换器主要应用于建筑物通风或空调设备的排风系统中，将排风中所蓄含的能量（冷量、热量）转化到新风之中。

（1）送风机和排风机分置于转轮两侧，同时以负压的形式作用于转轮。当新风侧与排风侧压力差大于 200Pa 时，双清洁扇面能有效地阻止回风混入送风中。

（2）送风机和排风机分置于转轮同侧，新风以正压形式、排风以负压的形式作用于转轮。新风侧与排风侧压力差不得大于600Pa。双清洁扇面角度应有所减小，避免过多的新风进入排风。

（3）送风机和排风机分置于转轮两侧，同时以正压的形式作用于转轮。当新风侧与排风侧压力差大于 200Pa 时，双清洁扇面能有效地阻止回风混入送风中。

（4）送风机和排风机分置于转轮同侧，新风以负压形式、排风以正压的形式作用于转轮。回风会不可避免地混入到送风之中。双清洁扇面起不到应有的阻止作用。

2. 液体循环式热回收器安装

液体循环式热回收器，习惯上也称为中间热媒式热回收器或组合式热回收器，他是由装置在排风管和新风管内的两组"水-空气"热交换器（空气冷却器/加热器）通过管道的连接而组成的系统。为了让管道中的液体不停地循环流动，管路中装置有循环水泵。

在冬季，由于排风温度高于循环水的温度，空气与水之间存在温度差，当排风流过"水-空气"换热器时，排风中的显热向循环水传递，排风温度降低，水温升高；同时，由于循环水的温度高于新风的进风温度，水又将从排风中获得的热量传递给新风，新风获得热量温度升高。

在夏季，工艺流程相同，但热传递的方向相反，液体一般为水；在严寒和寒冷地区，为了防止结霜、结冰，宜采用乙烯乙二醇水溶液；并应根据当地室外温度的高低和乙烯乙二醇的凝固点，选择采用不同的浓度。

液体循环式热回收器的安装，根据系统不同部位，按照相应的安装要求进行。

3. 板式显热回收器安装

板式显热交换器一般由金属材料制成，寿命长而且温度传导率高。当室内外温差大湿差小时，显热交换器比较适用。

为了易于布置机内的气流通道，以缩小整机体积，中、小型新风换气机，多采用了叉流静止、平板热交换器。即：冷、热气体的运动方向相互垂直。在热交换器内气流属于湍流边界层内的对流换热性质。因此它的热交换很充分，可以达到较高的热交换效率。

由板式显热回收器装配的新风换气机为系列产品，具有低噪声，高效能量回收的特点，可采用吊顶暗装或明装，小型的也可以采用窗式安装，较大型的多采用落地立柜式或组合式安装。可与组合式空调机组、柜式空调机组配合使用，对室外新风进行处理，节能效果明显。也可与空气净化设备配合使用。

11 防腐及绝热

11.1 管道与设备防腐

11.1.1 施工条件

（1）选用的防腐涂料应符合设计要求；配制及涂刷方法已明确，施工方案已批准；采用的技术标准和质量控制措施文件齐全。

（2）管道与设备面层涂料与底层涂料的品种宜相同；当不同时，应确认其亲溶性，合格后再施工。

（3）从事防腐施工的作业人员应经过技术培训，合格后再上岗。

（4）防腐施工的环境温度宜在5℃以上，相对湿度宜在85%以下。

11.1.2 去污除锈

（1）防腐施工前应对金属表面进行除锈、清洁处理，可选用人工除锈或喷砂除锈的方法。喷砂除锈宜在具备除灰降尘条件的车间进行。

（2）人工除锈时，用钢丝刷或粗纱布擦拭，直到露出金属光泽，再用棉纱或破布擦净。

（3）机械除锈时，喷砂除锈所用的压缩空气不得含有油脂和水分，空气压缩机出口处，应装设油水分离器；喷砂所用砂料，应坚硬且有棱角，筛除其中的泥土杂质，并经过干燥处理。

（4）对于管道内表面除锈，可用圆形钢丝刷，两头绑上绳子来回拉擦，刮露出金属光泽为合格。

（5）管道与设备表面除锈后不应有残留锈斑、焊渣和积尘，除锈等级应符合设计及防腐涂料产品技术文件的要求。

（6）管道与设备的油污宜采用碱性溶剂清除，清洗后擦净晾干。

11.1.3 涂刷准备

（1）在底漆涂刷之前，应对结构转角处和焊缝表面凹凸不平处，用与涂料配套的腻子抹平整或圆滑过渡；必要时，应用细砂纸打磨腻子表面，以保证涂层的质量要求。

（2）贮存油漆的房间应与存有其他易燃易爆品及有火源的房间隔开，不得在油漆房内安放火源和吸烟，同时还要有防火设施。

（3）刷油漆时，要在周围温度5℃以上，相对湿度85％以下的条件下进行。防止温度过低出现厚薄不均，难以干燥；也要防止湿度过高而附着力差，出现气孔等。

11.1.4 涂刷程序

（1）第一层底漆或防锈漆，直接涂在工件表面上，与工件表面紧密结合，起防锈、防腐、防水、层间结合的作用；第二层面漆涂刷应精细，使工件获得要求的色彩。

如原已刷过防锈漆，应检查其有无损坏及有无锈斑，凡有损坏及锈斑处，应将原防锈漆层铲除，用钢丝刷和砂布彻底打磨干净后，再补刷防锈漆一遍。涂刷方法是油刷上下铺油，横竖交叉地将油刷匀，再把刷迹理平。注意每次刷油应"少蘸油，蘸多次油"。

（2）一般底漆或防锈漆应涂刷一道到两道；第二层的颜色最好与第一层颜色略有区别，以检查第二层是否有漏涂现象。每层涂刷不宜过厚，以免起皱和影响干燥。如发现不干、皱皮、流挂、露底时，须进行修补或重新涂刷。

（3）表面涂刷调和漆或磁漆时，要尽量涂得薄而均匀。如果涂料的覆盖力较差，也不允许任意增加厚度，而应逐次分层涂刷覆盖。每涂一层漆后，应有一个充分干燥的时间，待前一层表干后才能涂下一层。

（4）每层漆膜的厚度应符合设计要求。多道涂层的数量应满足设计要求，不应加厚涂层或减少涂刷次数。

一般通风、空调系统薄钢板的油漆种类和遍数，在设计无要求时，参见表 11-1。

薄钢板风管油漆   表 11-1

风管所输送的气体介质	油漆类别	油漆遍数
不含有灰尘且温度不高于 70℃ 的空气	内表面涂防锈底漆	2
	外表面涂防锈底漆	1
	外表面涂面漆	2
不含有灰尘且温度高于 70℃ 的空气	内外表面各涂耐热漆	2
含有粉尘或粉屑的空气	内表面涂防锈底漆	1
	外表面涂防锈底漆	1
	外表面涂面漆	2
含有腐蚀性介质的空气	内外表面涂耐酸底漆	≥2
	内外表面涂耐酸面漆	≥2

注：需保温的风管外表面不涂粘结剂时，宜涂防锈漆二遍。

11.1.5 涂漆方法

（1）手工涂刷涂料时，应根据涂刷部位选用相应的刷子，宜采用纵、横交叉涂抹的作业方法。快干涂料不宜采用手工涂刷。

涂刷第一遍时首先选好设计所需的涂料种类，并选择配套的稀释剂或溶剂，以达到盖底、不流淌、不显刷迹。冬期施工当温度低于 5℃ 时宜适当加些催干剂。涂刷时厚度应均匀一致，不得漏刷。

（2）机械喷涂时，涂料射流应垂直喷漆面。漆面为平面时，喷嘴与漆面距离宜为 250～350mm；漆面为曲面时，喷嘴与漆面的距离宜为 400mm。喷嘴的移动应均匀，速度宜保持在 13～18m/min。喷漆使用的压缩空气压力宜为 0.3～0.4MPa；每遍喷漆干透后才能喷涂下一遍。每遍漆喷涂完毕用相应的稀释剂清洗管路和喷嘴。

在室内金属表面上喷涂油漆时，应事先将非喷涂部位用废纸等物件遮挡好，防止被污染。风管与喷枪应先清洗，经试喷正常后才能正式喷涂施工。

11.1.6　涂漆操作

（1）涂刷防腐涂料时，应控制涂刷厚度，保持均匀，不应出现漏涂、起泡等现象。

（2）底层涂料与金属表面结合应紧密。其他层涂料涂刷应精细，不宜过厚。面层涂料为调和漆或瓷漆时，涂刷应薄而均匀。每一层漆干燥后再涂下一层。

（3）涂层数应符合设计要求，面层应顺介质流向涂刷。表面应平滑无痕，颜色一致，无针孔、气泡、流坠、粉化和破损等现象。喷、刷好的漆膜，不得有堆积、漏涂、起皱、产生气泡、掺杂和混色等缺陷。

（4）涂层间隔时间一般为 24h（25℃）。如施工交叉不能及时进行下道涂层施工时，在施工下道涂层前应先用细砂布打毛并除灰后再涂。第一道涂层的表面如有损伤部分时，应先进行局部表面处理或砂纸打磨，再彻底清除灰土，补涂后进行涂漆，对漏涂或未达到涂膜厚度的涂面应加以补涂。涂漆时应特别注意边缘、角落、裂缝、铆钉、螺栓、螺母、焊缝和其他形状复杂的部位。当使用同一涂料进行多层涂刷时，宜采用同一品种不同颜色的涂料调配成颜色不同的涂料，以防止漏涂。

（5）设备、管道和管件防腐蚀涂层的施工宜在设备、管道的强度试验和严密性试验合格后进行。如在试验前进行涂覆，应将全部焊缝留出，并将焊缝两侧的涂层做成阶梯接头，待试验合格后，按设备、管道的涂层要求补涂。

（6）刷第二遍油漆，要在底漆完全干燥后进行。刚刷好油漆的风管配件，不能曝晒、雨淋，以免影响油漆质量和观感。风管咬口前，应刷一遍防锈漆，以保证咬口处的防腐能力，延长使用寿命。室内风管、送风口、回风口等外表面的颜色漆，如设计无规定时，应与室内墙壁颜色相协调。

（7）安装在室外的硬聚氯乙烯板风管，外表面宜涂铝粉漆两遍。空调制冷各系统管道的外表面，应按设计规定做色标。

（8）油漆工程要与通风施工交叉进行。风管外表面最后一道面漆，应在风管安装完毕后进行涂刷。保温风管外表面的油漆，如保温层用热沥青粘于风管上，其底漆应该刷冷汽油沥青；如保温层无粘结料直接铺于风管上，应刷红丹防锈漆。

11.1.7　支、吊架油漆

在一般情况下，支、吊架与设备防腐处理应与设备、风管相同，但是含有酸、碱或其他腐蚀性气体的厂房内，采用不锈钢板、硬聚氯乙烯板、玻璃钢等风管时，则支、吊架的防腐处理应由设计单位另行规定。

11.2　空调水系统管道与设备绝热

11.2.1　施工条件

选用的绝热材料与其他辅助材料应符合设计要求，胶粘剂应为环保产品，施工方法已明确。管道系统水压试验合格；钢制管道防腐施工已完成。

11.2.2　清理去污

空调水系统管道与设备绝热施工前应进行表面清洁处理，防腐层损坏的应补涂完整。

11.2.3　胶粘剂和保温钉

（1）应控制胶粘剂的涂刷厚度，涂刷应均匀，不宜多遍涂刷。

（2）保温钉的长度应满足压紧绝热层固定压片的要求，保温钉与管道和设备的粘接应牢固可靠，其数量应满足绝热层固定要求。

（3）在设备上粘接固定保温钉时，底面每平方米不应少于16个，侧面每平方米不应少于10个，顶面每平方米不应少于8个；首行保温钉距绝热材料边沿应小于120mm。

11.2.4　绝热层施工

（1）绝热材料粘接时，固定宜一次完成，并应按胶粘剂的种类，保持相应的稳定时间。

（2）绝热材料厚度大于80mm时，应采用分层施工，同层的拼缝应错开，且层间的拼缝应相压，搭接间距不应小于130mm。

（3）绝热管壳的粘贴应牢固，铺设应平整；每节硬质或半硬质的绝热管壳应用防腐金属丝捆扎或专用胶带粘贴不少于2道，其间距宜为300~350mm，捆扎或粘贴应紧密，无滑动、松弛与断裂现象。

（4）硬质或半硬质绝热管壳用于热水管道时拼接缝隙不应大于5mm，用于冷水管道时不应大于2mm，并用粘接材料勾缝填满；纵缝应错开，外层的水平接缝应设在侧下方。

（5）松散或软质保温材料应按规定的密度压缩其体积，疏密应均匀；毡类材料在管道上包扎时，搭接处不应有空隙。

（6）管道阀门、过滤器及法兰部位的绝热结构应能单独拆卸，且不应影响其操作功能。

设备管道上的阀门、法兰及其他可拆卸部件绝热层两侧，设计无具体规定时应留出螺栓长度如25mm的空隙。阀门、法兰部位则应单独进行绝热，如图 11-1 所示。

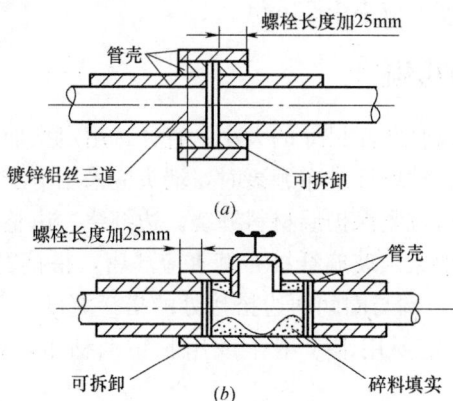

图 11-1　法兰和阀门的单独绝热
(a) 法兰单独绝热；(b) 阀门单独绝热

（7）补偿器绝热施工时，应分层施工，内层紧贴补偿器，外层需沿补偿方向预留相应的补偿距离。

（8）空调冷热水管道穿楼板或穿墙处的绝热层应连续不间断。

11.2.5　防潮层施工

（1）防潮层与绝热层应结合紧密，封闭良好，不应有虚粘、气泡、皱褶、裂缝等缺陷。

（2）防潮层（包括绝热层的端部）应完整，且封闭良好。水平管道防潮层施工时，纵向搭接缝应位于管道的侧下方，并顺水；立管的防潮层施工时，应自下而上施工，环向搭接缝应朝下。

（3）采用卷材防潮材料螺旋形缠绕施工时，卷材的搭接宽度宜为 30～50mm。

（4）采用玻璃钢防潮层时，与绝热层应结合紧密，封闭良好，不应有虚粘、气泡、裂缝等缺陷。

（5）带有防潮层、隔汽层绝热材料的拼缝处，应用胶带密封，胶带的宽度不应小于 50mm。

11.2.6 保护层施工

（1）根据风管断面尺寸的大小、直径选用定型加工的不同幅度的玻璃丝布。玻璃纤维布缠裹时，端头应采用卡子卡牢或用胶粘剂粘牢。然后拉紧保护层材料缠绕。边缠绕、边整平，不得有折皱、翻边等现象。玻璃纤维布缠裹应严密，搭接宽度应均匀，如图 11-2 所示。圈与圈间两边搭接处的搭接宽度一般应为 30～50mm。末端一定要用卡子卡牢或用胶粘剂粘牢，否则容易松动、脱落。

立管应自下而上，水平管道应从最低点向最高点进行缠裹。表面应平整，无松脱、翻边、皱褶或鼓包。

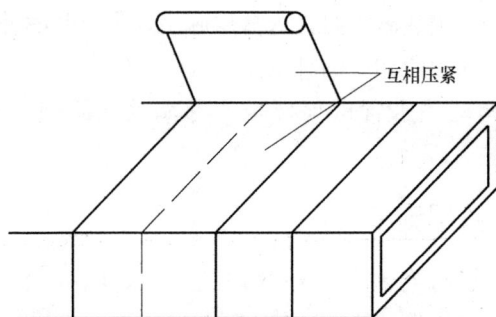

图 11-2 玻璃纤维布互相搭接

采用玻璃纤维布外刷涂料作防水与密封保护时，施工前应清除表面的尘土、油污，涂层应将玻璃纤维布的网孔堵密。

（2）采用金属材料作保护壳时，保护壳应平整，紧贴防潮层，不应有脱壳、皱褶、强行接口现象，保护壳端头应封闭；采用平搭接时，搭接宽度宜为 30～40mm；采用凸筋加强搭接时，搭接宽度宜为 20～25mm；采用自攻螺钉固定时，螺钉间距应匀称，不应刺破防潮层。

立管的金属保护壳应自下而上进行施工，环向搭接缝应朝下；水平管道的金属保护壳应从管道低处向高处进行施工，环向搭接缝口应朝向低端，纵向搭接缝应位于管道的侧下方，并顺水。金属保护壳与外墙面或屋顶的交接处应加设泛水。

11.3　空调风管系统与设备绝热

11.3.1　施工条件

选用的绝热材料与其他辅助材料应符合设计要求，胶粘剂应为环保产品，施工方法已明确。风管系统严密性试验合格。

11.3.2　清理去污

镀锌钢板风管绝热施工前应进行表面去油、清洁处理；冷轧板金属风管绝热施工前应进行表面除锈、清洁处理，并涂防腐层。

11.3.3　保温钉固定

（1）先将风管壁上的尘土、油垢擦净，再将粘接剂分别涂抹在风管壁面和固定钉的粘接面上，稍后再将其粘接在一起，结合应牢固，不应脱落。

（2）固定保温钉的胶粘剂宜为不燃材料，其粘结力应大于 $25N/cm^2$。

（3）矩形风管与设备的保温钉分布应均匀，底面每平方米不应少于 16 个，侧面每平方米不应少于 10 个，顶面每平方米不应少于 8 个；首行保温钉距绝热材料边沿应小于 120mm。

（4）保温钉粘结后应保证相应的固化时间，宜为 12～24h，然后再铺覆绝热材料。

（5）风管的圆弧转角段或几何形状急剧变化的部位，保温钉的布置应适当加密。

11.3.4 绝热层施工

1. 绝热材料下料

绝热层施工应满足设计要求。绝热材料下料时，风管绝热材料应按长边加 2 个绝热层厚度，短边为净尺寸的方法下料。

绝热材料下料要准确，套裁下料，切割面要平齐，在裁料时要使水平、垂直面搭接处以短面两头顶在大面上，如图 11-3 所示。

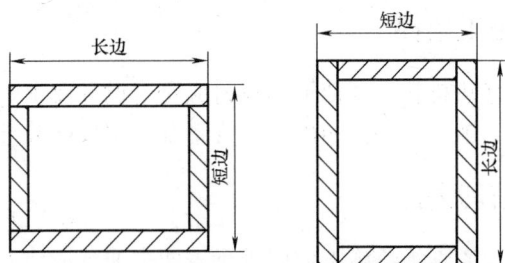

图 11-3　绝热材料水平、垂直面搭接

2. 风管绝热施工操作

（1）矩形风管绝热结构，如图 11-4 所示。明装矩形风管绝热应在四角加设镀锌钢板包角，并用镀锌铁丝固定或打包带卡紧。圆形风管绝热结构，如图 11-5 所示。

（2）绝热层与风管、部件及设备应紧密贴合，无裂缝、空隙等缺陷，且纵、横向的接缝应错开，如图 11-6 所示。

绝热层材料厚度大于 80mm 时，应采用分层施工，同层的拼缝应错开，层间的拼缝应相压，搭接间距不应小于 130mm。

风管的底面不应有纵向拼缝，小块绝热材料可铺覆在风管上平面。

岩棉板绝热材料块与块之间的搭头做法，如图 11-7 所示。

聚苯板铺好后，在四角放上铁皮短包角，然后用薄钢带作箍，用打包钳卡紧，钢带箍每隔 500mm 打一道，其做法如图 11-8 所示。

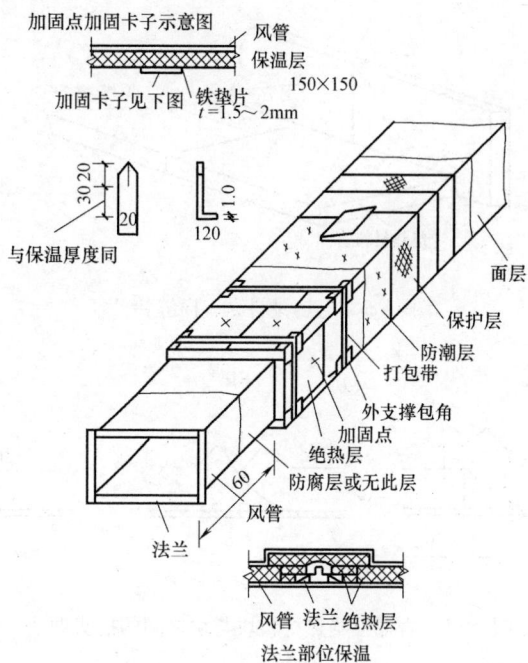

图 11-4　矩形风管绝热结构示意图

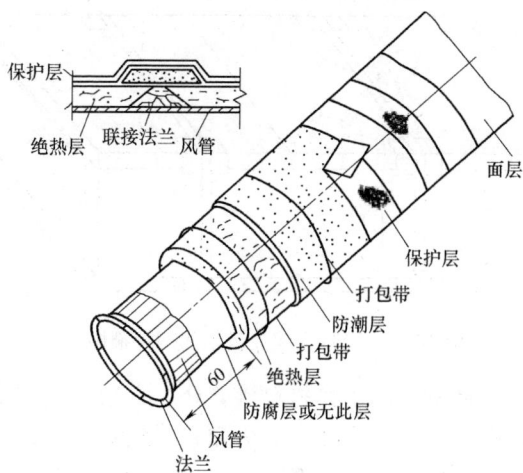

图 11-5　圆形风管绝热结构示意图

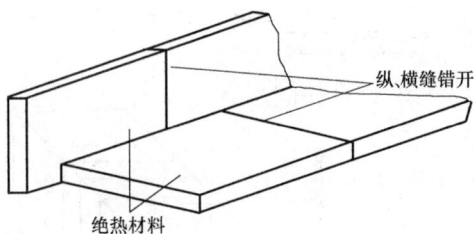

图 11-6　绝热材料纵、横缝错开

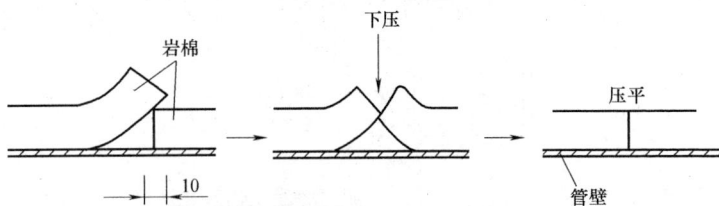

图 11-7　岩棉板绝热材料块与块之间的搭头做法

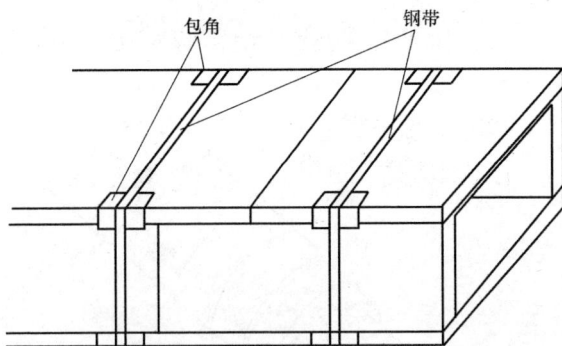

图 11-8　聚苯板铺装包角和钢带箍做法

（3）带有防潮层的绝热材料接缝处，宜用宽度不小于 50mm 的粘胶带粘贴，不应有胀裂、皱褶和脱落现象。

（4）空调风管穿楼板和穿墙处套管内的绝热层应连续不间断，且空隙处应用不燃材料进行密封封堵。

（5）用管壳制品作保温层，其操作方法一般由两个人配合，一人将壳缝剖开对包在管上，两手用力挤住，另外一人缠裹保护壳，缠裹时用力要均匀，压茬要平整、精细要一致。

（6）绝热材料粘接固定要求

1）胶粘剂应与绝热材料相匹配，并应符合其使用温度的要求。

2）涂刷胶粘剂前应清洁风管与设备表面，采用横、竖两方向的涂刷方法将胶粘剂均匀地涂在风管、部件、设备和绝热材料的表面上。

3）涂刷完毕，应根据气温条件按产品技术文件的要求静放一定时间后，再进行绝热材料的粘接。

4）粘接宜一次到位，并加压，粘接应牢固，不应有气泡。

（7）绝热材料使用保温钉固定后，表面应平整。

3. 风管配件、部件处绝热施工操作

（1）管道上的阀门、法兰、套管伸缩器一般不应保温，其两侧应留 70～80mm 的间隙，并在保温层部抹 60°～70°的斜坡。当管道上阀门处于防寒地且架空时，应按设计要求保温。阀门的保温结构，制作时应易拆装，并不应妨碍填料更换。

（2）风管上各种预留的测孔必须提前开出，并将测孔部件组装结束。

（3）阀门、三通、弯头等部位的绝热层宜采用绝热板材切割预组合后，再进行施工。

弯头处应采用定型的弯头管壳或用直管壳加工成虾米腰块，每个应不少于 3 块，确保管壳与管壁紧密结合，美观平滑。

遇到三通处应先做主干管，后做分支管。凡穿过建筑物保温管道的套管，与管子四周间隙应用保温材料堵塞紧密。

（4）风管部件的绝热不应影响其操作功能。调节阀绝热要留出调节转轴或调节手柄的位置，并标明启闭位置，保证操作灵活方便。风管系统上经常拆卸的法兰、阀门、过滤器及检测点等应采用能单独拆卸的绝热结构，其绝热层的厚度不应小于风管绝热层的厚度，与固定绝热层结构之间的连接应严密。

（5）软接风管宜采用软性的绝热材料，绝热层应留有变形伸缩的余量。

4. 风机绝热操作

（1）风机保温前进行试运转，须确认连接处不漏风，运转平稳，将风机铭牌取下进行保温。保温做好后将铭牌钉上。

（2）在风机壁上焊铁爪，也可用粘贴保温钉的方法来固定保温板材。每隔 25～30cm 固定一个塑料保温钉，底盘上可用胶合剂粘结。

（3）8 号以上风机钉木龙骨，一般采用边长 25～35mm 方木，其间距按保温板的长度决定，但不得大于 0.5～0.6m。在风机外表面涂热沥青胶泥，随即将裁配好的保温板贴上，若用两层保温板则第一层填在木龙骨内，第二层钉在木龙骨外面，两层之间涂沥青胶泥并贴紧，第一层与第二层保温板拼缝应错开，其缝间灌入沥青胶泥并用相同保温材料填补。用聚苯乙烯泡沫塑料板保温时，不涂沥青胶泥，拼缝用石棉硅藻土填补抹平。8 号以上风机外钉三合板或纤维板，表面涂两道调和漆。

（4）8 号及 8 号以下风机的保温层放置好后，将固定铁扑板扳倒压紧，外满涂沥青胶泥随即粘包一道玻璃丝布，表面涂调和漆两道。若用聚苯乙烯泡沫塑料板保温时不涂沥青胶泥，保温层外包一道挂胶玻璃丝布。将布幅面宽度裁成 200～300mm，缠绕搭接宽度为 50～80mm，外表面涂两道调和漆。

（5）风机轴不保温，机轴周围用钢围住焊在风机外壳上。

11.3.5　防潮层施工

防潮层施工参见 11.2.4 中相关内容。

11.3.6　保护层施工

风管金属保护壳的施工参见 11.2.5 中相关内容。其外形应规整，板面宜有凸筋加强，边长大于 800mm 的金属保护壳应采用相应的加固措施。

176

12 系统检测试验、试运行与调试

12.1 检测与试验

12.1.1 检测与试验条件

（1）检测与试验技术方案已批准。

（2）检测与试验所使用的测试仪器和仪表齐备，已检定合格，并在有效期内；其量程范围、精度应能满足测试要求。应根据检测与试验项目选择相应的测试仪器和仪表。

（3）参加检测与试验的人员已经过培训，熟悉检测与试验内容，掌握测试仪器和仪表的使用方法。

（4）所需用的水、电、蒸汽、压缩空气等满足检测与试验要求。

（5）检测与试验的项目外观检查合格。

12.1.2 风管强度与严密性试验

风管强度与严密性试验应按风管系统的类别和材质分别制作试验风管，均不应少于 3 节，并且不应小于 $15m^2$。制作好的风管应连接成管段，两端口进行封堵密封，其中一端预留试验接口。

1. 漏风量测试

风管严密性试验采用测试漏风量的方法，应在设计工作压力下进行。漏风量测试可按下列要求进行：

（1）风管组两端的风管端头应封堵严密，并应在一端留有两个测量接口，分别用于连接漏风量测试装置及管内静压测量仪。

（2）将测试风管组置于测试支架上，使风管处于安装状态，并安装测试仪表和漏风量测试装置，如图 12-1 所示。

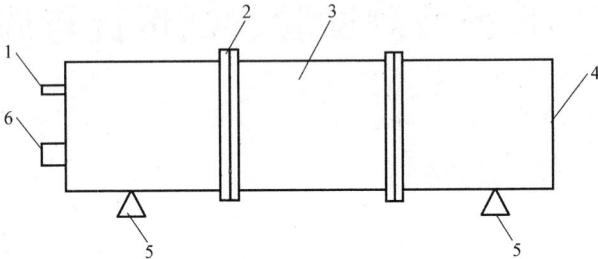

图 12-1　漏风量测试装置连接示意

1—静压测管；2—法兰连接处；3—测试风管组（按规定加固）；
4—端板；5—支架；6—漏风量测试装置接口

（3）接通电源、启动风机，调整漏风量测试装置节流器或变频调速器，向测试风管组内注入风量，缓慢升压，使被测风管压力示值控制在要求测试的压力点上，并基本保持稳定，记录漏风量测试装置进口流量测试管的压力或孔板流量测试管的压差。

（4）记录测试数据，计算漏风量；应根据测试风管组的面积计算单位面积漏风量；计算允许漏风量；对比允许漏风量判定是否符合要求。实测风管组单位面积漏风量不大于允许漏风量时，应判定为合格。

2. 风管的允许漏风量

（1）矩形风管的允许漏风量可按下式计算：

$$低压系统：Q_L \leqslant 0.1056 P^{0.65} \qquad (12\text{-}1)$$

$$中压系统：Q_M \leqslant 0.352 P^{0.65} \qquad (12\text{-}2)$$

$$高压系统：Q_H \leqslant 0.0117 P^{0.65} \qquad (12\text{-}3)$$

式中　Q_L、Q_M，Q_H——在相应设计工作压力下，单位面积风管单位时间内的允许漏风量 $[m^3/(h \cdot m^2)]$；

P——风管系统的设计工作压力（Pa）。

（2）圆形金属风管、复合风管及采用非法兰连接的非金属风管的允许漏风量，应为矩形风管规定值的 50%。

（3）排烟、低温送风系统的允许漏风量应按中压系统风管确定；1 级～5 级洁净空调系统的允许漏风量应按高压系统风管确定。

3. 风管强度试验

风管强度试验宜在漏风量测试合格的基础上，继续升压至设计工作压力的 1.5 倍进行试验。在试验压力下接缝应无开裂，弹性变形量在压力消失后恢复原状为合格。

12.1.3　风管系统严密性试验

1. 风管系统严密性试验要求

风管系统严密性试验应按不同压力等级和不同材质分别进行，并应符合下列规定：

（1）低压系统风管的严密性试验，宜采用漏光法检测。漏光检测不合格时，应对漏光点进行密封处理，并应做漏风量测试。

（2）中压系统风管的严密性试验，应在漏光检测合格后，对系统漏风量进行测试。

（3）高压系统风管的严密性试验应为漏风量测试。

（4）1 级～5 级洁净空调系统风管的严密性试验应按高压系统风管的规定执行；6 级～9 级洁净空调系统风管的严密性试验应按中压系统风管的规定执行。

2. 风管系统漏光检测

风管系统漏光检测可按下列要求进行：

（1）风管系统漏光检测时，移动光源可置于风管内侧或外侧，其相对侧应为暗黑环境，如图 12-2 所示。

（2）检测光源应沿着被检测风管接口、接缝处作垂直或水平缓慢移动，检查人在另一侧观察漏光情况。

（3）有光线射出，应作好记录，并应统计漏光点。

（4）应根据检测风管的连接长度计算接口缝长度值。

（5）系统风管的检测，宜采用分段检测、汇总分析的方法。

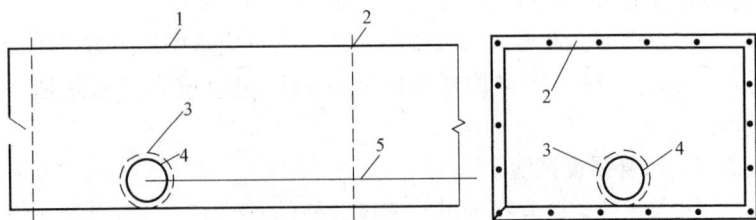

图 12-2　风管漏光检测示意

1—风管；2—法兰；3—保护罩；4—低压光源（＞100W）；5—电源线

系统风管的检测应以总管和主干管为主。低压系统风管每 10m 接缝，漏光点不大于 2 处，且 100m 接缝平均不大于 16 处为合格；中压系统风管每 10m 接缝，漏光点不大于 1 处，且 100m 接缝平均不大于 8 处为合格。

3. 风管系统漏风量测试

风管系统漏风量测试应符合下列规定：

（1）风管分段连接完成或系统主干管已安装完毕。

（2）系统分段、面积测试应已完成，试验管段分支管口及端口已密封。

（3）按设计要求及施工图上该风管（段）风机的风压，确定测试风管（段）的测试压力。

（4）风管漏风量测试方法参见上述 12.1.2 中相关内容执行。

12.1.4　风机盘管水压试验

（1）试验压力应为设计工作压力的 1.5 倍。

（2）应将风机盘管进、出水管道与试压泵连接，开启进水阀门向风机盘管内充水，同时打开放气阀，待水灌满后，关闭放气阀。

（3）应缓慢升压至风机盘管的设计工作压力，检查无渗漏后，再升压至规定的试验压力值，关闭进水阀门，稳压 2min，观察风机盘管各接口无渗漏、压力无下降为合格。

12.2 设备单机试运转与调试

12.2.1 试运行与调试条件

（1）通风与空调系统安装完毕，经检查合格；施工现场清理干净，机房门窗齐全，可以进行封闭。

（2）试运转所需用的水、电、蒸汽、燃油燃气、压缩空气等满足调试要求。

（3）测试仪器和仪表齐备，检定合格，并在有效期内；其量程范围、精度应能满足测试要求。调试所需仪器和仪表一般包括声级计、温度计、湿度计、热球风速仪、叶轮式风速仪、倾斜式微压差计、毕托管、超声波流量计、钳形电流表、转速表。

（4）调试方案已批准。调试人员已经过培训，掌握调试方法，熟悉调试内容。

12.2.2 风机试运转与调试

风机试运转与调试可按表 12-1 的要求进行。

风机试运转与调试要求 表 12-1

项目	方法和要求
试运转前检查	（1）检测风机电机绕组对地绝缘电阻应大于 0.5MΩ。 （2）风机及管道内应清理干净。 （3）风机进、出口处柔性短管连接应严密，无扭曲。 （4）检查管道系统上阀门，按设计要求确定其状态。 （5）盘车无卡阻，并关闭所有人孔门
试运转与调试	（1）启动时先"点动"，检查电动机转向正确；各部位应无异常现象，当有异常现象时，应立即停机检查，查明原因并消除。 （2）用电流表测量电动机的启动电流，待风机正常运转后，再测量电动机的运转电流，运转电流值应小于电机额定电流值。 （3）额定转速下的试运转应无异常振动与声响，连续试运转时间不应少于 2h。 （4）风机应在额定转速下连续运转 2h 后，测定滑动轴承外壳最高温度不超过 70℃；滚动轴承外壳温度不超过 75℃

12.2.3 空气处理机组试运转与调试

空气处理机组试运转与调试可按表 12-2 的要求进行。

空气处理机组试运转与调试　　　　　　　　表 12-2

项目	方法与要求
试运转前检查	(1)各固定连接部位应无松动。 (2)轴承处有足够的润滑油,加注润滑油的种类和剂量应符合产品技术文件的要求。 (3)机组内及管道内应清理干净。 (4)用手盘动风机叶轮,观察有无卡阻及碰擦现象,再次盘动,检查叶轮动平衡,叶轮两次应停留在不同位置。 (5)机组进、出风口处的柔性短管连接应严密,无扭曲。 (6)风管调节阀门启闭灵活,定位装置可靠。 (7)检测电机绕组对地绝缘电阻应大于 0.5MΩ。 (8)风阀、口应全部开启;三通调节阀应调到中间位置;风管内的防火阀应放在开启位置;新风口、一次回风口前的调节阀应开启到最大位置
试运转	(1)启动时先"点动",检查叶轮与机壳有无摩擦和异常声响,风机的旋转方向应与机壳上箭头所示方向一致。 (2)用电流表测量电动机的启动电流,待风机正常运转后,再测量电动机的运转电流,运转电流值应小于电机额定电流值;如运转电流值超过电机额定电流值,应将总风量调节阀逐渐关小,直至降到额定电流值。 (3)额定转速下的试运转应无异常振动与声响,连续试运转时间不应少于 2h

12.2.4 风机盘管机组试运转与调试

风机盘管机组试运转与调试可按表 12-3 的要求进行。

风机盘管机组试运转与调试要求　　　　　　表 12-3

项目	方法与要求
试运转前检查	(1)电机绕组对地绝缘电阻大于 0.5MΩ。 (2)温控(三速)开关、电动阀、风机盘管线路连接正确

项目	方法与要求
试运转与调试	(1)启动时先"点动",检查叶轮与机壳有无摩擦和异常声响。 (2)将绑有绸布条等轻软物的测杆紧贴风机盘管的出风口,调节温控器高、中、低档转速送风,目测绸布条迎风飘动角度,检查转速控制是否正常。 (3)调节温控器,检查电动阀动作是否正常,温控器内感温装置是否按温度要求正常动作

12.3 系统无生产负荷下的联合试运行与调试

通风与空调系统无生产负荷下的联合试运行与调试应在设备单机试运转与调试合格后进行。通风系统的连续试运行不应少于2h,空调系统带冷(热)源的连续试运行不应少于8h。联合试运行与调试不在制冷期或采暖期时,仅做不带冷(热)源的试运行与调试,并应在第一个制冷期或采暖期内补做。

12.3.1 系统调试前的检查

系统无生产负荷下的联合试运行与调试前的检查可按表12-4进行。

系统调试前的检查内容　　　　　　表12-4

类型	检查内容
风管系统	(1)通风与空调设备和管道内清理干净。 (2)风量调节阀、防火阀及排烟阀的动作正常。 (3)送风口和回风口(或排风口)内的风阀、叶片的开度和角度正常。 (4)风管严密性试验合格。 (5)空调设备及其他附属部件处于正常使用状态

12.3.2 系统风量的测定和调整

系统风量的测定和调整包括通风机性能的测定,风口风量的测定，系统风量测定和调整。

1. 通风机性能测定

通风机性能测定可按表 12-5 的要求进行。

通风机性能测定 表 12-5

项目	检 测 方 法
风压和风量的测定	(1) 通风机风量和风压的测量截面位置应选择在靠近通风机出口而气流均匀的直管段上，按气流方向，宜在局部阻力之后大于或等于 4 倍矩形风管长边尺寸（圆形风管直径），及局部阻力之前大于或等于 1.5 倍矩形风管长边尺寸（圆形风管直径）的直管段上。当测量截面的气流不均匀时，应增加测量截面上测点数量。 (2) 测定风机的全压时，应分别测出风口端和吸风口端测定截面的全压平均值。 (3) 通风机的风量为风机吸入口端风量和出风端风量的平均值，且风机前后的风量之差不应大于 5%，否则应重测或更换测量截面
转速的测定	(1) 通风机的转速测定宜采用转速表直接测量风机主轴转速，重复测量三次，计算平均值。 (2) 现场无法用转速表直接测风机转速时，宜根据实测电动机转速按下式换算出风机的转速： $$n_1 = n_2 \cdot D_2 / D_1 \qquad (12\text{-}4)$$ 式中　n_1——通风机的转速（rpm）。 　　　n_2——电动机的转速（rpm） 　　　D_1——风机皮带轮直径（mm）。 　　　D_2——电动机皮带直径（mm）
输入功率的测定	(1) 宜采用功率表测试电机输入功率。 (2) 采用电流表、电压表测试时，应按下式计算电机输入功率： $$P = \sqrt{3} \cdot V \cdot I \cdot \eta / 1000 \qquad (12\text{-}5)$$ 式中　P——电机输入功率（kW）。 　　　V——实测线电压（V）。 　　　I——实测线电流（A）。 　　　η——电机功率因素，取 0.8~0.85。 (3) 输入功率应小于电机额定功率，超过时应分析原因，并调整风机运行工况到达设计点

2. 送（回）风口风量的测定

送（回）风口风量的测定可按表 12-6 的要求进行。风口处的风速如采用风速仪测量时，应贴近格栅或网格，平均风速测定可采用匀速移动法或定点测量法。送（回）风口风量按下式计算：

$$Q = 3600 \cdot A \cdot V \cdot K \qquad (12\text{-}6)$$

式中　Q——风口风量（m^3/h）。

　　　A——送风口的外框面积（m^2）。

　　　V——风口处测得的平均风速（m/s）。

　　　K——考虑风口的结构和装饰形式的修正系数，一般取 $0.7 \sim 1.0$。

采用叶轮风速仪贴近风口测定风量时，有两种方法：

送（回）风口风量的测定　　　　　　表 12-6

项目	检 测 方 法
送（回）风口风量的测定	(1)百叶风口宜采用风量罩测试风口风量。 (2)可采用辅助风管法求取风口断面的平均风速,再乘以风口净面积得到风口风量值;辅助风管的内截面应与风口相同,长度等于风口长边的 2 倍。 (3)采用叶轮风速仪贴近风口测定风量时,应采用匀速移动测量法或定点测量法,匀速移动法不应少于 3 次,定点测量法的测点不应少于 5 个

（1）匀速移动测量法

对于截面积不大的风口，可将叶轮风速仪沿整个截面按图 12-3 所示的路线慢慢地匀速移动，移动时叶轮风速仪不应离开测定平面，此时测得的结果可认为是截面平均风速。

此法需进行三次，取其平均值。

（2）定点测量法

按风口截面大小，划分为若干个面积相等的小块，在其中心处测量。对于尺寸较大的矩形风口可划分为同样大小的 8～12 个小方格进行测量；对于尺寸较小的矩形风口，一般测 5 个点即

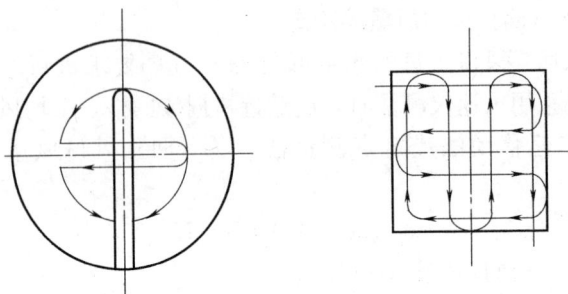

图 12-3　匀速移动测量路线

可。对于条缝形风口，在其高度方向至少应有 2 个点，沿条缝方向根据长度可分别取为 4、5、6 对测点；对于圆形风口，按其直径大小在圆弧上可分别测 4 个点或 5 个点。如图 12-4 和图 12-5 所示。

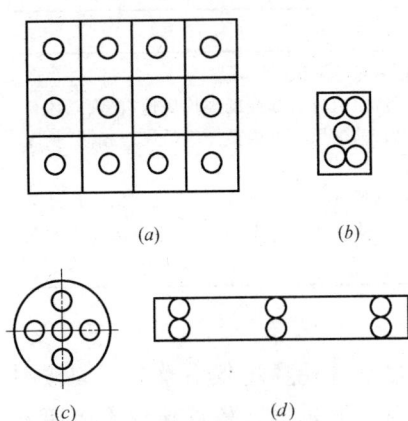

(a)　　　　　　(b)

(c)　　　　　　(d)

图 12-4　各种形式风口的测点布置示意

(a) 较大矩形风口；(b) 较小矩形风口；

(c) 圆形风口；(d) 条缝形风口

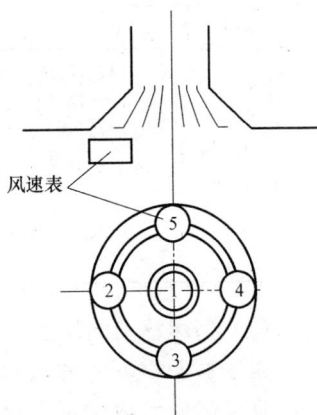

图 12-5　用风速仪测定散流器出口平均风速

3. 系统风量的测定和调整示例

系统风量的调整，即风量平衡，一般靠改变阀门或风口人字阀的叶片开启度使阻力发生变化，从而风量也发生变化，达到调

186

节的目的。系统风量调整后，应达到新风量、排风量、回风量的实测值与设计风量的偏差不应大于 10%；风口风量的实测值与设计风量的偏差不应大于 15%。新风量与回风量之和应近似等于总的送风量或各送风量之和。系统风量的测定和调整可按表 12-7 的要求进行。

系统风量的调整方法有两种：流量等比分配法、基准风口调整法。由于每种方法都有各自的适应性，在风量调整过程中，可根据管网系统的具体情况，选用相应的方法。

系统风量的测定和调整 表 12-7

项目	检测步骤与方法
系统风量的测定和调整步骤	(1)按设计要求调整送风和回风各干、支管道及各送(回)风口的风量。 (2)在风量达到平衡后，进一步调整通风机的风量，使其满足系统的要求。 (3)调整后各部分调节阀不变动，重新测定各处的风量。应使用红油漆在所有风阀的把柄处作标记，并将风阀位置固定
绘制风管系统草图	根据系统的实际安装情况，绘制出系统单线草图供测试时使用。草图上，应标明风管尺寸、测定截面位置、风阀的位置、送(回)风口的位置以及各种设备规格、型号等。在测定截面处，应注明截面的设计风量、面积
测量截面的选择	风管的风量宜用热球式风速仪测量。测量截面的位置应选择在气流均匀处，按气流方向，应选择在局部阻力之后大于或等于 5 倍矩形风管长边尺寸(圆形风管直径)，及局部阻力之前大于或等于 2 倍矩形风管长边尺寸(圆形风管直径)的直管段上，如图 12-6 所示。当测量截面上的气流不均匀时，应增加测量截面上的测点数量
测量截面的选择	如图 12-6 所示
测量截面内测点的位置与数目选择	应按现行国家标准《通风与空调工程施工质量验收规范》GB 50243—2016、《洁净室施工及验收规范》GB 50591，现行行业标准《公共建筑节能检测标准》JGJ/T 177 执行
风管内风量的计算	通过风管测试截面的风量可按下式确定： $$Q = 3600 \cdot F \cdot V \qquad (12\text{-}7)$$ 式中 Q——风管风量（m^3/h）。 $\qquad F$——风管测试截面的面积（m^2）。 $\qquad V$——测试截面内平均风速（m/s）

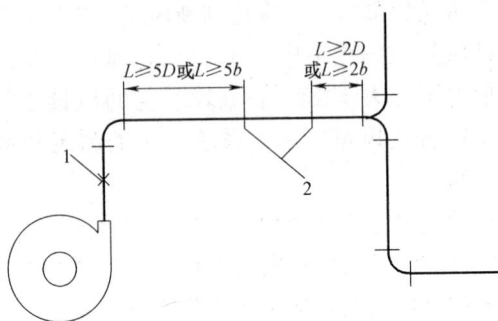

图 12-6　测量截面位置示意

1—测定断面；2—静压测点；

D—圆形风管直径；b—矩形风管长边尺寸

（1）流量等比分配法示例

用该方法对通风空调送（回）风系统进行调整，一般需从系统的最远管段，也就是从最不利的风口开始，逐步地调向通风机。该方法适用于风口数量较少的系统。

举例说明，从图 12-7 可知，离风机最远的风口为 1 号，最不利管路应是 1—3—5—9，应从支管 1 开始测定调整。

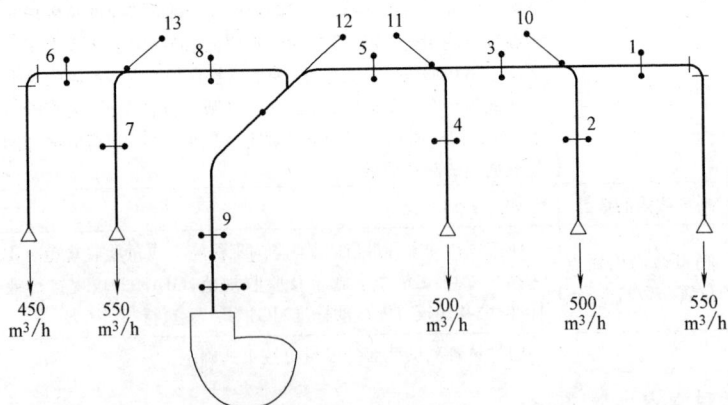

图 12-7　送风系统

1、2、3、4、5、6、7、8、9—测孔编号；10、11、12、13—三通阀编号

为了加快调整速度，利用两套仪器分别测量支管 1 和 2 的风量，并用三通拉杆阀进行调节，使这两条支管的实测风量比值与设计风量比值近似相等，即：$L_{2测}/L_{1测} = L_{2设}/L_{1设}$。虽然两条支管的实测风量不一定能够马上调整到设计风量值，但是总可以调整到使两支管的实测风量的比值与设计风量的比值相等。例如：支管 1 的 $L_{1设} = 550\text{m}^3/\text{h}$，支管 2 的 $L_{2设} = 500\text{m}^3/\text{h}$，经调整后的实测风量为 $L_{1测} = 515\text{m}^3/\text{h}$，$L_{2测} = 470\text{m}^3/\text{h}$。它们的比值为：$L_{2测}/L_{1测} = 470/515 = 0.912$，$L_{2设}/L_{1设} = 500/550 = 0.909$，可以认为两个比值近似相等。用同样的方法测出各支管、支干管的风量，即，$L_{4测}/L_{3测} = L_{4设}/L_{3设}$。显然实测风量不是设计风量，根据风量平衡原理，只要将风机出口总干管的总风量调整到设计风量值，那么各干管、支管的风量就会按各自的设计风量比值进行等比分配，也就会符合设计风量值。所以该法称为"流量等比分配法"。对于 $L_{2测}/L_{1测} = L_{2设}/L_{1设}$，可以改写成 $L_{2测}/L_{2设} = L_{1测}/L_{1设}$，所以利用这个比值方法进行风量平衡也可以称为"一致等比变化"调整方法。

（2）基准风口调整法示例

图 12-8 为送风系统图，该系统共有三条支干管路，支干管

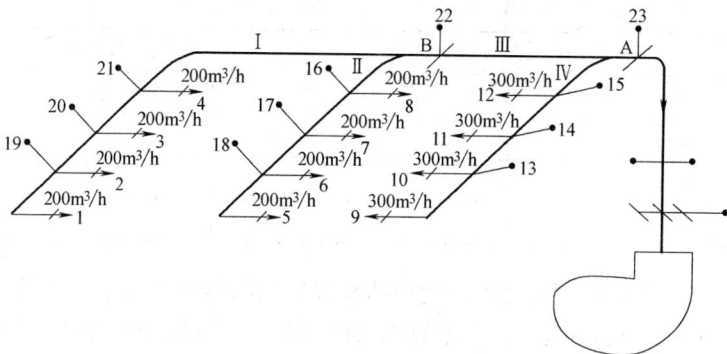

图 12-8　送风系统图

1、2、3、4、5、6、7、8、9、10、11、12—测孔编号；

13、14、15、16、17、18、19、20、21、22、23—三通编号

189

Ⅰ上带有风口1号～4号，支干管Ⅱ上带有风口5号～8号，支干管Ⅳ上带有风口9号～12号。调整前，先用风速仪将全部风口的送风量初测一遍，并将计算出的各个风口的实测风量与设计风量比值的百分数列入表12-8中。

从表12-8中可以看出，各支干管上最小比值的风口分别是支干管Ⅰ上的1号风口，支干管Ⅱ上的7号风口，支干管Ⅳ上的9号风口。所以就选取1号、7号、9号风口作为调整各分支干管上风口风量的基准风口。

风量的测定调整一般应从离通风机最远的支干管Ⅰ开始。

各风口实测风量   表12-8

风口编号	设计风量(m^3/h)	最初实测风量(m^3/h)	（最初实测风量/设计风量）×100％
1	200	160	80
2	200	180	90
3	200	220	110
4	200	250	125
5	200	210	105
6	200	230	115
7	200	190	95
8	200	240	120
9	300	240	80
10	300	270	90
11	300	330	110
12	300	360	120

为了加快调整速度，使用两套仪器同时测量1号、2号风口的风量，此时借助三通调节阀，使1号、2号风口的实测风量与设计风量的比值百分数近似相等，即：$L_{2测}/L_{2设}\times100％=L_{1测}/L_{1设}\times100％$。经过这样调节，1号风口的风量必然有所增加，其比值数要大于80％，2号风口的风量有所减少，其比值小于原

来的 90%，但比 1 号风口原来的比值数 80% 要大一些。假设调节后的比值数为：$(L_{2测}/L_{2设})\times83.7\%=(L_{1测}/L_{1设})\times83.5\%$，说明两个风口的阻力已经达到平衡，根据风量平衡原理可知，只要不变动已调节过的三通阀位置，无论前面管段的风量如何变化，1 号、2 号风口的风量总是按新比值数等比地进行分配。

1 号风口处的仪器不动，将另一套仪器放到 3 号风口处，同时测量 1 号、3 号风口的风量，并通过三通阀调节使：$(L_{3测}/L_{3设})\times100\%=(L_{1测}/L_{1设})\times100\%$，此时 1 号风口 $(L_{1测}/L_{1设})$ 已经大于 83.5%，3 号风口 $(L_{3测}/L_{3设})\times100\%$ 已经小于原来的 110%，设新的比值数为：$(L_{3测}/L_{3设})=92\%\approx(L_{1测}/L_{1设})=92.2\%$；自然 2 号风口的比值数也随着增大到 92.2% 多一点。用同样的测量调节方法，使 4 号风口与 1 号风口达到平衡。假设：$(L_{4测}/L_{4设})=106.2\%$。自然，2 号、3 号风口的比值数也随着增大到 106.2%。至此，支干管 I 上的四个风口均调整平衡，其比值数近似相等。

对于支干管 II、IV 上的风口风量也按上述方法调节到平衡。虽然 7 号风口不在支干管的末端，仍以 7 号风口作为基准风口，但要从 5 号风口上开始向前逐步调节。

各条支干管上的风口调整平衡后，就需要调节支干管上的总风量。此时，从最远处的支干管开始向前调节。选取 4 号、8 号风口为 I、II 支干管的代表风口，调节节点 b 处的三通阀使 4 号、8 号风口风量的比值数相等。即：$(L_{4测}/L_{4设})\times100\%\approx(L_{8测}/L_{8设})100\%$；调节后，1 号～3 号，5 号～7 号风口风量的比值数也相应地变化到 4 号、8 号风口的比值数。那么证明支干管 I、II 的总风量已经调整平衡。选取 12 号风口为支干管 IV 的代表风口，选取支干管 I、II 上任一个风口（例如选 8 号风口）为管段 III 的代表风口。利用节点 A 处的三通阀进行调节使 12 号、8 号风口风量的比值数近似相等，即：$(L_{12测}/L_{12设})\times100\%\approx(L_{8测}/L_{8设})\times100\%$；于是其他风口风量的比值数也随着变化到新的比值数。则支干管 IV、管段 III 的总风量也调节平衡。但此时所有风口的风量都不等于设计风量。将总干管 V 的风量调节到设计风量，则各支干管和各风口的风量将按照最后调整的比值数进行等比分配达到设计风量。

12.3.3　变风量（VAV）系统联合试运行与调试

变风量（VAV）系统联合试运行与调试可按表 12-9 的要求进行。

变风量（VAV）系统联合试运行与调试要求　　表 12-9

项目	内　容
试运行与调试前检查	（1）空调系统上的全部阀门灵活开启。 （2）清理机组及风管内的杂物，保证风管的通畅。 （3）检查变风量末端装置的各控制线是否连接可靠，变风量末端装置与风口的软管连接是否严密。 （4）空调箱冷热源供应正常
试运行与调试步骤	（1）逐台开启变风量末端装置，校验调节器及检测仪表性能。 （2）开启空调箱风机及该空调箱所在系统全部变风量末端装置，校验自控系统及检测仪表联动性能。 （3）所有的空调风阀置于自动位置，接通空调箱冷热源。 （4）每个房间设定合理的温度值，使变风量末端装置的风阀处在中间开启状态。 （5）按表 12-7 的要求进行系统风量的调整，确保空调箱送至变风量末端各支管风量的平衡及回风量与新风量的平衡。 （6）测定与调整空调箱的性能参数及控制参数，确保风管系统的控制静压合理

13 施工质量检验与验收

13.1 施工质量检验

13.1.1 风管与配件制作质量检验

1. 金属风管与配件制作

金属风管与配件制作可按表 13-1 进行质量检验。

金属风管与配件制作质量检验 表 13-1

序号	主要检查内容	判定标准	检查方法
1	金属风管材料种类、规格	符合设计要求	查验材料质量证明文件、检测报告、尺量，观察检查
2	板材的拼接	(1)风管板材拼接的咬口缝应错开，不应形成十字形交叉缝。 (2)洁净空调系统风管不应采用横向拼缝。 (3)风管板材拼接采用铆接连接时，应根据风管板材的材质选择铆钉。 (4)空气洁净度等级为 1～5 级的洁净风管不应采用按扣式咬口连接，铆接时不应采用抽芯铆钉。 (5)板厚大于 1.5mm 的风管可采用电焊、氩弧焊等。焊缝应满焊、均匀。焊接完成后,应对焊缝除渣、防腐,板材校平	尺量、观察检查
3	不锈钢板或铝板连接件防腐措施	防腐良好,无锈蚀	观察检查

193

序号	主要检查内容	判定标准	检查方法
4	管口平面度、表面平整度、允许偏差	(1)表面应平整,无明显扭曲及翘角,凹凸不应大于10mm。 (2)风管边长(直径)小于或等于300mm时,边长(直径)的允许偏差为±2mm;风管边长(直径)大于300mm时,边长(直径)的允许偏差为±3mm。 (3)管口应平整,其平面度的允许偏差为2mm。 (4)矩形风管两条对角线长度之差不应大于3mm;圆形风管管口任意正交两直径之差不应大于2mm	尺量、观察检查
5	风管的连接形式	(1)矩形风管法兰宜采用风管长边加长两倍角钢立面、短边不变的形式进行下料制作。 (2)圆形风管法兰可选用扁钢或角钢,采用机械卷圆与手工调整的方式制作。 (3)矩形风管C形、S形插条连接应符合以下规定。 1)采用C形平插条、S形平插条连接的风管边长不应大于630mm。S形平插条单独使用时,在连接处应有固定措施。 2)采用C形立插条、S形立插条连接的风管边长不宜大于1250mm。S形立插条与风管壁连接处应采用小于150mm的间距铆接。 3)插条与风管插口连接处应平整、严密。水平插条长度与风管宽度应一致,垂直插条的两端各延长不应少于20mm,插接完成后应折角。 4)铝板矩形风管不宜采用C形、S形平插条连接。 (4)矩形风管采用立咬口或包边立咬口连接时,其立筋的高度应大于或等于角钢法兰的高度,同一规格风管的立咬口或包边立咬口的高度应一致,咬口采用铆钉紧固时,其间距不应大于150mm。 (5)圆形风管连接采用芯管连接时,芯管板厚度应大于或等于风管壁厚度,芯管外径与风管内径偏差应小于3mm	尺量、观察检查

194

序号	主要检查内容	判定标准	检查方法
6	薄钢板法兰风管的接口及连接件、附件固定,端面及缝隙	(1)薄钢板法兰风管制作应符合下列规定: 1)薄钢板法兰应平直,机械应力造成的弯曲度不应大于 5‰。 2)低、中压风管与法兰的铆(压)接点间距宜为 120～150mm;高压风管与法兰的铆(压)接点间距宜为 80～100mm。 3)薄钢板法兰弹簧夹,厚度不应小于 1.0mm,长度宜为 130～150mm。 (2)成型的矩形风管薄钢板法连接端面接口处应平整,接口四角处应有固定角件,镀锌钢板板厚不应小于 1.0mm。固定角件与法兰连接处应采用密封胶进行密封。 (3)薄钢板法兰可采用铆接或本体压接进行固定。中压系统风管铆接或压接间距宜为 120～150mm;高压系统风管铆接或压接间距宜为 80～100mm。低压系统风管长边尺寸大于 1500mm、中压系统风管长边尺寸大于 1350mm 时,顶丝卡宽度宜为 25～30mm,厚度不应小于 3mm,顶丝宜为 M8 镀锌螺钉	尺量、观察检查
7	风管加固	(1)风管加固应排列整齐,间隔应均匀对称,与风管的连接应牢固,铆接间距不应大于 220mm。风管压筋加固间距不应大于 300mm,靠近法兰端面的压筋与法兰间距不应大于 200mm;风管管壁压筋的凸出部分应在风管外表面。 (2)洁净空调系统的风管不应采用内加固措施或加固筋,风管内部的加固点或法兰铆接点周围应采用密封胶进行密封	观察和尺量检查

序号	主要检查内容	判定标准	检查方法
8	风管弯头导流叶片的设置	(1)边长大于或等于500mm,且内弧半径与弯头端口边长比小于或等于0.25时,应设置导流叶片,导流叶片宜采用单片式、月牙式两种类型。 (2)导流叶片内弧应与弯管同心,导流叶片应与风管内弧等弦长。 (3)导流叶片间距L可采用等距或渐变设置的方式,最小叶片间距不宜小于200mm,导流叶片的数量最多不宜超过4片。 (4)导流叶片应与风管固定牢固,固定方式可采用螺栓或铆钉	尺量、观察检查
9	洁净空调风管与配件制作	符合现行国家标准《通风与空调工程施工质量验收规范》GB 50243—2016的规定	观察检查、尺量
10	风管工艺性验证	查验检测报告	现场加工风管进行风管强度和严密性试验

2. 聚氨酯铝箔、酚醛铝箔、玻璃纤维复合风管及配件制作

聚氨酯铝箔、酚醛铝箔、玻璃纤维复合风管及配件制作可按表13-2进行质量检验。

聚氨酯铝箔、酚醛铝箔、玻璃纤维复合风管及配件制作质量检验

表 13-2

序号	主要检查内容	判定标准	检查方法
1	风管材料品种、规格、性能等参数	符合设计要求	查验材料质量证明文件、性能检测报告、尺量、观察检查
2	外观质量	折角应平直,两端面平行,风管无明显扭曲;风管内角缝均采用密封胶密封;外角缝铝箔断开处采用铝胶带封贴;外覆面层没有破损	尺量、观察检查
3	风管与配件尺寸	符合表3-1的规定	尺量检查

序号	主要检查内容	判定标准	检查方法
4	风管两端连接口制作	(1)玻璃纤维复合风管采用承插阶梯粘接形式时,承接口应在风管外侧,插接口应在风管内侧。承、插口均应整齐,长度为风管板材厚度;插接口应预留宽度为板材厚度的覆面层材料。 (2)复合风管采用插接或法兰连接时,其插接连接件或法兰材质、规格应符合设计的规定;连接应牢固可靠,其绝热层不应外露	观察检查
5	风管加固与导流叶片安装	(1)聚氨酯铝箔和酚醛铝箔复合风管 风管宜采用直径不小于 8mm 的镀锌螺杆做内支撑加固,内支撑件穿管壁处应密封处理。 风管矩形弯头导流叶片宜采用同材质的风管板材或镀锌钢板制作,并应安装牢固 (2)玻璃纤维复合风管 内支撑加固、金属槽形框外加固应符合设计要求,内支撑件穿管壁处应密封处理。 风管的内支撑横向加固点数及金属槽型框纵向间距、金属槽型框的规格应符合设计要求。 风管采用外套角钢法兰或 C 形插接法兰连接之外的连接,其边长大于1200mm 时,应在连接后的风管一侧距连接件 150mm 内设横向加固;采用承插阶梯粘接的风管,应在距粘接口100mm 内设横向加固。 矩形弯头导流叶片可采用 PVC 定型产品或采用镀锌钢板弯压制成,并应安装牢固	尺量、观察检查

3. 玻镁复合风管与配件制

玻镁复合风管与配件制作可按表 13-3 进行质量检验。

玻镁复合风管与配件制作质量检验　　　　表 13-3

序号	主要检查内容	判定标准	检查方法
1	风管材料品种、规格、性能等参数	符合设计要求	查验材料质量证明文件、性能检测报告,尺量、观察检查
2	外观质量	玻镁复合板应无分层、裂纹、变形等现象;折角应平直;两端面平行,风管无明显扭曲;外覆面层无破损	尺量、观察检查
3	风管与配件尺寸	符合表 3-1 的规定	尺量检查
4	加固与导流叶片安装	(1)矩形风管宜采用直径不小于 10mm 的镀锌螺杆做内支撑加固,内支撑件穿管壁处应密封处理。负压风管的内支撑高度大于 800mm 时,应采用镀锌钢管内支撑。 (2)风管内支撑横向加固数量应符合设计要求,风管加固的纵向间距应小于或等于 1300mm。 (3)矩形弯头导流叶片宜采用镀锌钢板弯压制成,并应安装牢固	尺量、观察检查
5	伸缩节的制作	伸缩节长宜为 400mm,内边尺寸应比风管的外边尺寸大 3～5mm,伸缩节与风管中间应填塞 3～5mm 厚的软质绝热材料,且密封边长尺寸大于 1600mm 的伸缩节中间应增加内支撑加固,内支撑加固间距按 1000mm 布置,允许偏差±20mm	尺量、观察检查

4. 硬聚氯乙烯风管与配件制作

硬聚氯乙烯风管与配件制作可按表 13-4 进行质量检验。

硬聚氯乙烯风管与配件制作质量检验　　　　表 13-4

序号	主要检查内容	判定标准	检查方法
1	风管材料品种、规格、性能参数	符合设计要求	查验材料质量证明文件、性能检测报告,尺量、观察检查

序号	主要检查内容	判定标准	检查方法
2	外观质量要求	风管两端面应平行,无明显扭曲,煨角圆弧应均匀;焊缝应饱满,焊条排列应整齐,无焦黄、断裂现象	尺量、观察检查
3	风管与配件尺寸	符合表 3-1 的规定;法兰规格符合表 6-5 和表 6-6 的规定	尺量检查
4	风管加固	风管加固宜采用外加固框形式,加固框的设置应符合表 6-4 的规定,并应采用焊接将同材质加固框与风管紧固	尺量、观察检查
5	伸缩节或软接头制作	风管直管段连续长度大于 20m 时,应按设计要求设置伸缩节或软接头	尺量、观察检查

13.1.2 风管部件制作质量检验

1. 风阀质量检验

风阀可按表 13-5 进行质量检验。

风阀质量检验 表 13-5

序号	主要检查内容	判定标准	检查方法
1	风阀材质	符合设计要求	对照施工图和产品技术标准
2	手动调节阀调节是否灵活	应以顺时针方向转动为关闭,其调节范围及开启角度指示应与叶片开启角度相一致	扳动手轮或扳手
3	电动、气动调节风阀的驱动装置	动作应可靠,在最大设计工作压力下工作正常	测试
4	防火阀和排烟阀(排烟口)的防火性能	应符合有关消防产品技术标准的规定,并具有相应的产品质量证明文件	核查
5	止回风阀	止回阀风阀应进行最大设计工作压力下的强度试验,在关闭状态下阀片不变形,严密不漏风	测试
6	设计工作压力大于 1000Pa 的调节风阀的强度试验	调节灵活,壳体不变形	核查检测报告

2. 风罩与风帽质量检验

风罩与风帽可按表 13-6 进行质量检验。

风罩与风帽质量检验 表 13-6

序号	主要检查内容	判定标准	检查方法
1	材质	符合设计要求	对照施工图核查
2	外形尺寸及配置	风罩、风帽尺寸正确,连接牢固,形状规则,表面平顺、光滑,外壳不应有尖锐边角;配置附件满足使用功能要求	

3. 风口质量检验

风口可按表 13-7 进行质量检验。

风口质量检验 表 13-7

序号	主要检查内容	判定标准	检查方法
1	外观	风口的外装饰面应平整,叶片或扩散环的分布应匀称,颜色应一致,无明显的划伤和压痕,焊点应光滑牢固	观察检查
2	机械性能	风口的活动零件动作自如、阻尼均匀,无卡死和松动。导流片可调或可拆卸的部分,应调节、拆卸方便和可靠,定位后无松动	手动检查
3	调节装置	转动应灵活、可靠,定位后应无明显自由松动	手动试验
4	风口尺寸	符合现行国家标准《通风与空调工程施工质量验收规范》GB 50243—2016 的要求	尺量

4. 消声器质量检验

消声器可按表 13-8 进行质量检验。

消声器质量检验 表 13-8

序号	主要检查内容	判定标准	检查方法
1	外形尺寸	制作尺寸准确,框架与外壳连接牢固,内贴覆面固定牢固,外壳不应有锐边	对照施工图

序号	主要检查内容	判定标准	检查方法
2	性能	应有产品质量证明文件,其性能满足设计及产品技术标准的要求	核查
3	标识	出厂产品应有规格、型号、尺寸、方向的标识	观察
4	内部构造	消声弯头的平面边长大于 800mm 时,应加设吸声导流叶片;消声器内直接迎风面布置的覆面层应有保护措施;洁净空调系统消声器内的覆面应为不易产尘的材料	观察

5. 软接风管质量检验

软接风管可按表13-9进行质量检验。

软接风管质量检验 表 13-9

序号	主要检查内容	判定标准	检查方法
1	材质	防腐、防潮、不透气、不易霉变,防火性能同该系统风管要求;用于洁净空调系统的材料应不易产尘、不透气、内壁光滑;用于空调系统时,应采取防止结露的措施	观察,检查材质检测报告
2	外观尺寸	柔性短管长度为 150～300mm,无开裂、无扭曲、无变径	观察
3	制作情况	柔性材料搭接宽度 20～30mm,缝制或粘接严密、牢固	观察
4	与法兰的连接	压条材质为镀锌钢板,翻边尺寸符合要求,铆钉间距为 60～80mm,与法兰连接处应严密、牢固可靠	观察、尺量

6. 过滤器质量检验

过滤器可按表13-10进行质量检验。

过滤器质量检验 表 13-10

序号	主要检查内容	判定标准	检查方法
1	材质	符合设计要求	观察

序号	主要检查内容	判定标准	检查方法
2	性能	核查检测报告,过滤精度、过滤效率、过滤材料、风量、滤芯材质、表面处理等性能应符合设计及相关技术文件要求	核查
3	框架	尺寸应正确,框架与过滤材料连接紧密、牢固,标识清楚	观察、尺量

7. 风管内加热器质量检验

风管内加热器可按表 13-11 进行质量检验。

风管内加热器质量检验　　　　　　　　　　　表 13-11

序号	主要检查内容	判定标准	检查方法
1	材质	符合设计及相关技术文件的要求	观察
2	用电参数、加热量	符合设计要求	观察
3	接线情况	加热管与框架之间经测试绝缘良好,接线正确,符合有关电气安全标准的规定	观察

13.1.3 支吊架制作与安装质量检验

1. 支吊架制作质量检验

支吊架制作可按表 13-12 进行质量检验。

支吊架制作质量检验　　　　　　　　　　　表 13-12

序号	主要检查内容	判定标准	检查方法
1	支、吊架材质的选型、规格和强度	应按风管、部件、设备的规格和重量选用,并应符合设计要求	目测、查验材料质量证明文件
2	支、吊架的焊接	焊接牢固,焊缝饱满,无夹渣	目测
3	支、吊架的防腐	防锈漆涂刷均匀,无漏刷	目测

2. 支吊架安装质量检验

支吊架安装可按表 13-13 进行质量检验。

序号	主要检查内容	判定标准	检查方法
1	固定支架、导向支架安装	符合设计要求	目测,尺量,按设置区域检查
2	支、吊架设置间距	支、吊架的最大允许间距应满足设计要求,并应符合表 8-7～表 8-13 的要求。 柔性风管支、吊架的最大间距宜小于 1500mm	目测、尺量
3	固定件安装	(1)采用膨胀螺栓固定支、吊架时,螺栓至混凝土构件边缘的距离不应小于 8 倍的螺栓直径;螺栓间距不小于 10 倍的螺栓直径。螺栓孔直径和钻孔深度应符合表 8-14 的规定。 (2)支、吊架与预埋件焊接时,焊接应牢固,不应出现漏焊、夹渣、裂纹、咬肉等现象。 (3)在钢结构上设置固定件时,钢梁下翼宜安装钢梁夹或钢吊夹,预留螺栓连接点、专用吊架型钢;吊架应与钢结构固定牢固,并应不影响钢结构安全	观察检查
4	支、吊架安装	符合上述 8.2.7 中的要求	目测、尺量

13.1.4 风管与部件安装质量检验

1. 金属风管安装质量检验

金属风管安装可按表 13-14 进行质量检验。

序号	主要检查内容	判定标准	检查方法
1	风管安装位置及标高、坐标	符合设计要求及现行国家标准《通风与空调工程施工质量验收规范》GB 50243—2016 的规定	对照施工图检查,尺量
2	风管表面平整情况	表面平整、无坑瘪	目测、尺量

序号	主要检查内容	判定标准	检查方法
3	风管连接垫料	垫料材质符合设计要求。密封垫料应安装牢固,密封垫料的位置应正确,密封垫料不应凸入管内或脱落。 当设计无要求时,法兰垫料材质及厚度应符合下列规定: (1)输送温度低于 70℃ 的空气时,可采用橡胶板、闭孔海绵橡胶板、密封胶带或其他闭孔弹性材料;输送温度高于 70℃ 的空气时,应采用耐高温材料。 (2)防、排烟系统应采用不燃材料。 (3)输送含有腐蚀性介质的气体,应采用耐酸橡胶板或软聚乙烯板。 (4)法兰垫料厚度宜为 3~5mm	目测
4	绝热衬垫的厚度及防腐情况	与保温层厚度一致,防腐良好,无遗漏	目测,尺量
5	法兰连接螺栓	螺母应在同一侧	目测
6	薄钢板法兰连接的弹簧夹数量、间距	弹簧夹间距不应大于 150mm,最外端连接件距风管边缘不应大于 100mm	目测,尺量
7	支、吊架安装	符合上述 8.2.7 中的规定	目测
8	风管严密性	风管系统严密性试验	查看试验记录

2. 非金属风管安装质量检验

非金属风管安装可按表 13-15 进行质量检验。

非金属风管安装质量检验 　　　　表 13-15

序号	主要检查内容	判定标准	检查方法
1	风管安装位置及标高、坐标	符合现行国家标准《通风与空调工程施工质量验收规范》GB 50243—2016 的规定	对照施工图检查,尺量
2	伸缩节设置		目测,按系统逐个风管进行检查

序号	主要检查内容	判定标准	检查方法
3	风管表面应无裂纹、分层、明显泛霜且光洁	符合现行国家标准《通风与空调工程施工质量验收规范》GB 50243—2016的规定	目测
4	风管的连接垫料		目测
5	法兰连接螺栓	螺母应在同一侧	目测
6	支、吊架安装	符合上述8.2.7中的规定	目测、尺量
7	风管严密性	风管系统严密性试验	查看试验记录

3. 复合风管安装质量检验

复合风管安装可按表13-16的规定进行质量检验。

复合风管安装质量检验 表13-16

序号	主要检查内容	判定标准	检查方法
1	风管安装位置及标高、坐标	符合设计要求及现行国家标准《通风与空调工程施工质量验收规范》GB 50243—2016的规定	对照施工图检查、尺量
2	玻镁复合风管伸缩节设置	水平安装风管长度每隔30m时,应设置1个伸缩节	目测,按系统逐个风管进行检查
3	风管支、吊架安装	符合现行国家标准《通风与空调工程施工质量验收规范》GB 50243—2016的规定	目测、尺量
4	风管严密性	符合现行国家标准《通风与空调工程施工质量验收规范》GB 50243—2016的规定	查看试验记录

13.1.5　空气处理设备安装质量检验

1. 风机安装质量检验

风机安装可按表13-17进行质量检验。

风机安装质量检验　　　　　　　　　　**表 13-17**

序号	主要检查内容	判定标准	检查方法
1	风机安装位置	符合设计要求	观察检查
2	叶轮转子试转	停转后,不应每次停留在同一位置上,并不应碰撞外壳	手盘动、目测
3	风机减振	减振装置符合设计及产品技术要求;压缩量均匀,高度误差<2mm,且不应偏心,有防止移位的保护措施	检查、尺量
4	轴水平度偏差	符合现行国家标准《风机、压缩机、泵安装工程施工及验收规范》GB 50275 的有关规定	测量

2. 风机盘管安装质量检验

风机盘管安装可按表 13-18 进行质量检验。

风机盘管安装质量检验　　　　　　　　　　**表 13-18**

序号	主要检查内容	判定标准	检查方法
1	规格及安装位置	符合设计要求	观察
2	盘管与管道连接	冷热水管道与风机盘管连接采用金属软管,凝结水管采用透明胶管	观察
3	阀门与部件	管道及阀门保温齐全、无遗漏	观察
4	保温	管道及阀门均保温	观察
5	凝结水盘水平度	凝结水盘水平度保证凝结水全部排放	测量
6	与风管、回风箱接缝的严密性	连接严密、无缝隙	观察
7	吊架及隔振	符合设计及产品技术文件的要求	对照施工图及产品技术文件观察

3. 组合式空调机组安装质量检验

组合式空调机组安装可按表 13-19 进行质量检验。

组合式空调机组安装质量检验　　　　　　**表 13-19**

序号	主要检查内容	判定标准	检查方法
1	功能段连接面的密封	结合严密、无缝隙	观察

序号	主要检查内容	判定标准	检查方法
2	凝结水封高度	符合产品技术文件要求	尺量
3	组对顺序	符合设计要求	与施工图对照检查
4	机组接管	连接正确、阀部件及仪表安装齐全	与施工图对照检查
5	机组水平度	符合现行国家标准《通风与空调工程施工质量验收规范》GB 50243—2016 的有关规定	测量
6	换热器、加热器有无损坏	无损坏	观察
7	与加热段结合面的密封胶材质	耐热密封	查材质说明书
8	现场组装机组的漏风率测试	符合现行国家标准《组合式空调机组》GB/T14294 的有关规定	查看试验报告

4. 空气热回收装置安装质量检验

空气热回收装置安装可按表 13-20 进行质量检验。

空气热回收装置安装质量检验　　　表 13-20

序号	主要检查内容	判定标准	检查方法
1	管路接口的密封	结合严密、无缝隙	观察
2	保护元件	压力保护、并联时设置的止回阀、排污阀、放气阀等齐全	观察
3	安装位置	符合设计要求	对照施工图检查
4	管路坡度	符合设计要求	对照施工图检查
5	机组水平度	符合现行国家标准《通风与空调工程施工质量验收规范》GB 50243—2016 的有关规定	测量
6	换热器有无损坏	无损坏	观察

13.1.6　防腐与绝热质量检验

1. 管道与设备防腐质量检验

管道与设备防腐施工可按表 13-21 进行质量检验。

管道与设备防腐质量检验　　　表 13-21

序号	主要检查内容	判定标准	检查方法
1	防腐涂料质量	符合设计要求	核查质量证明文件
2	除锈	不应有残留锈斑和焊渣	目测
3	表面去污	无积尘、水或油污	目测
4	防锈涂层	管道与支吊架的防腐完整无遗漏,不露底,不皱皮;涂层数量符合设计要求	目测
5	面漆	漆种性能和涂层数量(厚度)符合设计要求;面漆完整无遗漏,不露底、色泽一致;表面平整无起泡、皱褶	目测

2. 空调水系统管道与设备绝热质量检验

空调水系统管道与设备绝热施工可按表 13-22 进行质量检验。

空调水系统管道与设备绝热质量检验　　　表 13-22

序号	主要检查内容	判定标准	检查方法
1	绝热材料性能	其技术性能(材质、导热率、密度、规格及厚度)参数符合设计要求	核查产品质量证明文件
2	保温钉	在设备上粘接固定保温钉时,底面每平方米不应少于 16 个,侧面每平方米不应少于 10 个,顶面每平方米不应少于 8 个;首行保温钉距绝热材料边沿应小于 120mm	目测,手扳
3	绝热层	固定牢固,表面平整,无十字形拼缝	目测,测量
4	防潮层	与绝热层固定无位移;搭接缝口顺水,封闭良好	目测,测量
5	保护层	搭接缝顺水,宽度一致;接口平整,外观无明显缺陷;封闭良好	目测,测量

3. 空调风管系统与设备绝热质量检验

空调风管系统与设备绝热施工可按表 13-23 进行质量检验。

空调风管系统与设备绝热质量检验　　　表 13-23

序号	主要检查内容	判定标准	检查方法
1	绝热材料性能	技术性能(材质、导热率、密度、规格及厚度)参数符合设计要求	核查产品质量证明文件

序号	主要检查内容	判定标准	检查方法
2	防腐涂层	无遗漏	目测
3	保温钉	在设备上粘接固定保温钉时,底面每平方米不应少于 16 个,侧面每平方米不应少于 10 个,顶面每平方米不应少于 8 个；首行保温钉距绝热材料边沿应小于 120mm	目测,手扳
4	绝热层	固定牢固;表面平整;无十字形拼缝	目测,测量
5	防潮层	与绝热层固定无位移,搭接缝口顺水,封闭良好;胶带宽度不小于 50mm 粘贴平整良好	目测,测量
6	保护层	搭接缝顺水,宽度一致;接口平整,外观无明显缺陷;封闭良好	目测,测量

13.2 施工质量验收

13.2.1 施工质量验收的依据

本书涉及的各分项工程施工质量的验收,除应符合现行国家标准《通风与空调工程施工质量验收规范》GB 50243—2016 的规定外,还应按照被批准的设计图纸、合同约定和国家现行相关技术标准的规定进行。施工图纸修改必须有设计单位的设计变更通知书或技术核定签证。

各分项工程施工质量的验收应按现行国家标准《通风与空调工程施工质量验收规范》GB 50243—2016 对应的具体条文的规定执行,可根据施工工程的实际情况,采用一次或多次验收,其检验验收批的批次、样本数量可视工程的实物量与分布情况而定,但应覆盖整个分项工程。当分项工程中包含多种材质、施工工艺的风管或管道系统时,检验验收批宜按材质分列。

《通风与空调工程施工质量验收规范》GB 50243—2016,于

2016 年 10 月 25 日，由中华人民共和国住房和城乡建设部发布，自 2017 年 7 月 1 日起实施。原《通风与空调工程施工质量验收规范》GB 50243—2002 同时废止。

13.2.2　强制性条文

现行国家标准《通风与空调工程施工质量验收规范》GB 50243—2016 中第 4.2.2、4.2.5、5.2.7、6.2.2、6.2.3、7.2.2、7.2.10、7.2.11、8.2.4、8.2.5 条为强制性条文，必须严格执行。强制性条文验收时，应采用全数检验方案。

13.2.3　观感质量要求

（1）风管表面应平整、无破损、接管合理；风管的连接以及风管与设备或调节装置的连接处无明显缺陷。

（2）各类阀门安装位置应正确牢固，调节灵活，操作方便。

（3）风口表面应平整，颜色一致，安装位置正确，风口的可调节部位应能正常动作。

（4）风管、部件及管道的支、吊架型式、位置及间距应符合设计及现行国家标准《通风与空调工程施工质量验收规范》GB 50243—2016 的要求。

（5）风管、部件、管道及支架的油漆应均匀，无透底返锈现象，油漆颜色与标志符合设计要求。

（6）绝热层无破损和脱落现象；室外防潮层或保护壳应平整无损坏，保护层应顺水搭接、无渗漏。

（7）消声器安装方向正确，外表面应平整无损坏。

（8）风管、管道的软性接管位置应符合设计要求，接管正确、牢固，自然无强扭。

（9）测试孔开孔位置正确，无遗漏。

（10）多联空调机组系统的室内、室外机组安装位置应正确，其空气流动无明显的障碍。

13.2.4 施工质量验收的规定

1. 基本规定

（1）通风与空调工程所用材料的材质、规格及设备性能应符合设计图纸和现行国家标准《通风与空调工程施工质量验收规范》GB 50243—2016 的规定，并均为有标产品，不得采用国家明令禁止使用或淘汰的材料与设备。工程所使用的主要原材料、成品、半成品和设备的进场应执行下列规定：

1）应对其进行质量验收；合格验收应经监理工程师认可，并形成相应的书面记录。

2）进口材料与设备，应有齐全并有效的商检合格证明、中文质量证明等文件。

（2）通风与空调工程采用的新技术、新设备、新材料与新工艺，均应提供通过专项技术鉴定或验收合格的证明文件。

（3）通风与空调工程的施工应按规定的程序进行，并与土建及其他专业工种互相配合；与通风与空调系统有关的土建工程施工完毕后，应由建设（或总承包）、监理、设计及施工单位共同会检。会检的组织宜由建设、监理或总承包单位负责。

（4）通风与空调工程中的隐蔽工程，在隐蔽前必须经监理人员验收及认可签证，必需时应留下音像资料。对安装在隐蔽空间内的设备及阀门必须设置检修（操作）口，并应满足日常使用维修的需要。

2. 风管及配件制作

（1）对风管质量的验收，应按其材料、工艺、系统工作压力和输送介质的不同分别进行，主要包括风管的材质、规格、强度、严密性与成品外观质量等项内容。

（2）风管制作质量的验收，应按设计图纸与现行国家标准《通风与空调工程施工质量验收规范》GB 50243—2016 的规定执行。风管制作与安装所用板材、型材以及其他主要成品材料，应符合设计及相关产品国家现行标准的规定，并有出厂检验合格证明。材料进场时应按国家现行有关标准进行验收。工程中所选用的外购风管，还必须提供相应的产品合格证书或进行强度和严密性的验证，符合要求的方准使用。

目前，风管的加工趋向产品化生产，值得提倡。作为产品（成品）必须提供相应的产品合格证书或进行强度和严密性的验证，以证明所提供风管的加工工艺水平和质量。对工程中所选用的外购风管，应按要求进行查对，符合要求的方可同意使用。

3. 风管部件制作

外购产成品风管部件应具有合格质量证明文件和相应的产品技术文件。

风管部件制作质量的验收，应按设计图纸与现行国家标准《通风与空调工程施工质量验收规范》GB 50243—2016 的规定执行。

4. 风管系统安装

（1）风管系统安装后，必须进行严密性检验，合格后方能交付下道工序。风管系统严密性检验以主、干管为主。

工程中风管系统的严密性检验，是一桩比较困难的工作。如一个风管系统可能跨越多个楼层和区域，工程交叉施工，支管口的封堵困难等。另外，从风管系统漏风的机理来分析，系统末端的静压小，相对的漏风量亦小。只要按工艺要求对支管的安装质量进行严格的监督管理，就能比较有效地控制它的漏风量。

（2）风管系统吊、支架采用膨胀螺栓等胀锚方法固定时，必须符合其相应技术文件的规定。

风管吊、支架采用膨胀螺栓锚固固定，是工程施工过程中的常用方法，理应遵守膨胀螺栓使用技术条件的固定。

5. 风机与空气处理设备安装

（1）风机与空气处理设备应附带装箱清单、设备说明书、产品质量合格证书和性能检测报告等随机文件，进口设备还应具有商检合格的证明文件。

设备的随机文件既代表了产品质量，又是安装、使用的说明书和技术指导资料，必须加以重视。随着国际交往的不断发展，国内工程中安装进口设备会有所增加。根据国际惯例，对所安装的设备规定必须通过国家商检部门的鉴定，并具有检验合格的证明文件。

（2）设备安装前，应进行开箱检查验收，并形成书面的验收记录。参加人员为建设、监理、施工和设备厂商等各方单位的代表。

（3）设备就位前应对其基础进行验收，合格后方能安装。

（4）设备的搬运和吊装必须符合产品说明书的有关规定，并应做好设备的保护工作，防止因搬运或吊装而造成设备损伤。

6. 防腐与绝热

（1）风管与部件及空调设备绝热工程施工应在风管系统严密性检验合格后进行。

（2）制冷剂管道和空调水系统管道绝热工程的施工，应在管路系统强度和严密性检验合格和防腐处理结束后进行。

（3）防腐工程施工时，应采取防火、防冻、防雨等措施，且不应在潮湿或低于5℃的环境下作业。绝热工程施工时，应采取防火、防雨等措施。

（4）风管、管道的支、吊架应进行防腐处理，其明装部分应刷面漆。油漆可分为底漆和面漆。底漆以附着和防锈蚀的性能为主，面漆以保护底漆、增加抗老化性能和调节表面色泽为主。非隐蔽明装部分的支、吊架，如不刷面漆会使防腐底漆很快老化失效，且不美观。

（5）防腐与绝热工程施工时，应采取相应的环境保护和劳动保护措施。

7. 系统调试

（1）通风与空调工程竣工验收的系统调试，应由施工单位负责、监理单位监督，设计单位与建设单位参与和配合。系统调试的实施可以是施工企业本身或委托给具有调试能力的其他单位。

（2）系统调试前应编制调试方案，并报送专业监理工程师审核批准。系统调试应为专业技术人员，调试结束后，必须提供完整的调试资料和报告。

（3）系统调试所使用的测试仪器应在合格检定或校准有效期内，性能应稳定可靠，其精度等级及最小分度值应能满足工程性能测定的要求。

（4）通风与空调工程系统非设计满负荷条件下的联合试运转及调试，应在通风与空调设备单机试运转合格后进行。通风的连续试运转不应少于 2h。

（5）恒温恒湿空调工程的检测和调整，应在空调系统正常运行 24h 及以上，达到工况稳定后进行。

参 考 文 献

[1] 建筑施工手册（第五版）编写组. 建筑施工手册（第五版）. 北京：中国建筑工业出版社，2011.

[2] 建筑施工手册（第四版）编写组. 建筑施工手册（第四版）. 北京：中国建筑工业出版社，2003.

[3] 建设部人事教育司组织编写. 通风工. 北京：中国建筑工业出版社，2003.

[4] 建设部人事教育司组织编写. 通风工（技师）. 北京：中国建筑工业出版社，2005.

[5] 张学助，邵琦智，周翔宇. 通风工（第三版）. 北京：中国建筑工业出版社，2011.

[6] 徐荣晋. 暖通空调设备工程师实务手册. 北京：机械工业出版社，2006.

[7] 张学助. 通风空调工长手册. 北京：中国建筑工业出版社，1998.